VOYAGE

DANS LES DÉSERTS

DU SAHARA.

VOYAGE

DANS LES DÉSERTS

DU SAHARA,

Par M. FOLLIE, Officier d'administration dans les Colonies.

CONTENANT,

1°. La relation de son naufrage et de ses
aventures pendant son esclavage ;

2°. Un précis exact des mœurs, des usages
et des opinions des habitans du Sahara.

A PARIS,

Chez les Directeurs de l'Imprimerie du Cercle Social,
rue du Théâtre Français, n°. 4.

(1 7 9 2.)

L'an premier de la République Française.

PREMIÈRE PARTIE.

Relation du naufrage de M. Follie, et de ses aventures pendant son esclavage.

J'avois passé douze années dans les différens détails de l'administration de la marine, j'avois fait quatre campagnes dans les Indes occidentales avec MM. Dampierre et de Monteil : mon exactitude à remplir les diverses places que j'avois successivement occupées, m'avoit mérité l'estime de mes chefs, lorsque le roi, à qui on rendit un compte avantageux de mes travaux, me donna le brevet d'officier dans l'administration des colonies, et me destina à en exercer les fonctions dans le Sénégal.

Mes ordres reçus, je partis de Paris le 26 octobre 1783, emportant avec moi les regrets de ma famille, et lui laissant les miens. Le 19 décembre suivant fut le jour de mon départ de Bordeaux : je m'embarquai sur le vaisseau *les deux Amis*, commandé par le capitaine Carsin.

Le vent devenu favorable nous présageoit la plus heureuse navigation : nous descendîmes la rivière avec la plus grande sécurité. Le 21, l'apparence d'un gros tems nous ayant retenus, nous restâmes vis-à-vis Royan jusqu'au 30.

La vue de la gabarre du roi *la Bayonnaise*, qui sortoit de la rivière, détermina notre capitaine à faire lever l'ancre. Sur le midi, le pilote côtier se retira, et nous fîmes route pour notre destination.

La nuit du 1er. au 2 janvier, le tems devint orageux, les vents passèrent dans la partie du sud, ils nous obligèrent de quitter notre route. Pendant quatre jours la mer fut des plus grosses ; on manœuvroit en désordre, les matelots fatigués craignoient déja pour leur vie, l'inquiétude étoit peinte sur le front du capitaine, elle paroissoit dans tous ses discours : le peu de confiance qu'il avoit dans ses officiers, dont aucun n'avoit encore navigué dans des vaisseaux de construction hollandoise, l'inexpérience de l'équipage, dont la moitié n'avoit jamais vu la mer, tout lui faisoit

craindre un évènement fâcheux. Nous nous
éloignions de plus en plus de notre destination : déja on croyoit être près d'Oues-
sant, lorsque la nuit du 5 au 6 les vents
s'étant calmés passèrent dans la partie du
nord. Le capitaine en profita, on hissa
toutes les voiles ; la route cessoit d'être
périlleuse.

Pleins de l'idée agréable d'avoir évité
un naufrage, nous nous livrions aux douceurs du sommeil que nous n'avions pu
goûter depuis quatre jours. Le tems étoit
sûr, aucun danger ne paroissoit nous me-
nacer, lorsque tout-à-coup nous fûmes
éveillés par une secousse horrible du bâtiment. Passagers et matelots, nous nous
crûmes tous perdus. Le guy frappoit de tri-
bord et de bas-bord sur les hauts-bancs, on
craignoit pour le grand mât ; la fermeté
du capitaine, qui sut conserver son sang-
froid, le péril présent, l'air de confiance
du second capitaine, tout anima les matelots : aucun d'eux ne craignit d'exposer
sa vie ; ils firent avec courage, avec promp-
titude, les manœuvres les plus périlleuses,
et la tranquillité de l'équipage succéda

bientôt aux alarmes qui venoient de l'ef-
frayer.

Le lieutenant, jeune homme rempli de
présomption, tout-à-fait novice dans l'art
de la marine, nous avoit exposés à ce péril.
Les divers officiers d'un vaisseau en sont
alternativement les conducteurs pendant
la nuit, et ce jeune étourdi veilloit alors
à la direction de notre navire. Fier d'occuper un poste qu'il devoit plutôt à la
protection qu'à son mérite, il avoit fermé
l'habitacle, faisant gouverner sur les étoi-
les. De vent largue que nous avions, il
fit venir le vaisseau vent devant.

Reproches, injures, menaces, il n'est
point de moyens dont le capitaine ne se
servit pour l'humilier. Mille fautes com-
mises par ce jeune homme, ne faisoient
que trop connoître son incapacité. Méprisé
généralement de tous les matelots, il n'en
étoit pas un qui ne se crût plus instruit
que lui.

Mais le capitaine lui-même n'avoit guère
plus d'expérience que son lieutenant. Par
une ignorance outrée, il prit les hautes
montagnes qu'on appercevoit dans le loin-
tain pour les côtes de Mogodor, où il n'en

... Nos malheurs nous ont appris depuis que c'étoit le cap de Num, situé à 60 lieues environ de Mogodor). Loin de gagner le large et d'éviter par ce moyen un naufrage qui devenoit presque certain, le capitaine ayant pris l'avis du second, qui étoit fils de l'armateur, se détermina à côtoyer.

Enfin le 19 janvier 1784, sur les quatre heures du matin (le lieutenant étoit préposé dans ce moment à la conduite du vaisseau), le tems étoit beau, le vent favorable, lorsque nous donnâmes vent arrière sur la côte basse en cet endroit, et couverte d'un sable léger.

Quel réveil ! grand Dieu ! le navire entr'ouvert par les rochers, les cris des matelots, le bruit effroyable des brisans, les cordages rompus par la force du vent qui augmentoit de plus en plus, les vergues avec les voiles emportées avec fracas dans la mer, les lames qui couvroient le navire de part en part, l'ignorance du lieu où nous étions, tout joint à l'horreur de la nuit, nous rendoit la mort présente et inévitable. Nous sautâmes nuds sur le pont : c'étoit à qui s'empareroit d'une plan-

che, d'une cage, pour prolonger un reste
de vie que la frayeur nous avoit presque
enlevée. Tout étoit dans la confusion : capitaine, officiers, matelots, aucun n'étoit
capable de donner des ordres, personne
d'en recevoir.

Le jour commençoit à paroître : nous
apperçûmes la terre ; cette vue ranima nos
espérances. Revenus de notre première
frayeur, nous travaillâmes à l'envi à débarrasser le pont ; les cordages, les an-
cres, furent bientôt dans la mer. Notre
navire ne penchoit d'aucun côté ; dans la
crainte de perdre une position si avantageuse, nous coupâmes les mâts.

Le dépit et la rage étoient peints sur
le visage de chaque matelot. Ils voyoient
avec horreur l'auteur de leur naufrage,
ils vouloient en tirer vengeance, et dans
ce premier moment de fureur, ils auroient
égorgé le lieutenant s'il n'avoit pas eu la
précaution de se cacher.

Déja quatre heures s'étoient écoulées,
sans qu'aucun de nous eût pu trouver des
moyens de gagner terre ; éloigné d'un
quart de lieue du rivage, aucun ne pensoit à s'y rendre. Le capitaine, affectant

plus de courage qu'il n'en avoit, disoit hautement que le navire tiendroit bon, que nous pourrions à loisir sauver notre vie et les marchandises.

Pour donner plus de poids à ses raisons, je distribuai de l'argent aux matelots. Leur fureur s'appaisa ; tous me promirent de ne rien faire sans mes ordres. Je voulois, s'il étoit possible, sauver la cargaison et mes effets.

Pendant ce tems le capitaine engageoit le sieur Deschamp, officier pilotin, bon nageur, à se rendre à terre. Ce jeune homme, plein de courage, accepta la proposition. Le loock autour du corps, il sauta dans la mer ; nous le vîmes plusieurs fois disparoître à nos yeux ; enfin, après avoir long-tems lutté contre les vagues, il parvint à se débarrasser de la ligne, qui, prise dans ses jambes, auroit pu causer sa mort ; il gagna terre tout ensanglanté par les blessures dont il s'étoit couvert en nageant au milieu des roches ; un tonneau jeté sur le rivage fût l'asyle dans lequel il se mit à l'abri du vent qui étoit des plus froids.

A peine il y étoit réfugié depuis un

quart-d'heure, que nous vîmes un gros chien qui sembloit se précipiter vers lui. Les yeux troublés par la frayeur, nous prîmes cet animal pour un tigre ; nous adressions nos vœux au ciel pour le voir s'éloigner de notre malheureux compagnon.

Tout-à-coup nous apperçûmes la campagne couverte d'une multitude de sauvages demi-noirs. Nuds, le sabre à la main, ils accouroient vers le rivage en poussant des hurlemens affreux. Le sieur Deschamp, quoiqu'exténué par les efforts qu'il venoit de faire pour se sauver, se jeta de nouveau dans la mer, pour regagner le navire : les barbares le suivirent à la nage, et l'eurent bientôt arrêté.

Occupés uniquement du malheur de cet infortuné jeune homme, les yeux élevés vers le ciel, tendant les bras vers ces barbares, nous leur demandions grace ; insensibles à nos cris, ils se l'arrachèrent les uns aux autres, le dépouillèrent de sa chemise et le traînèrent sans pitié sur le haut de la colline. Là, nous le vîmes enterrer dans le sable. Ayant ensuite allumé un grand feu, ils dansèrent autour de notre compagnon, en poussant mille cris de joie, ils le suspendirent par les pieds, et un moment après il échappa à nos regards.

Quelle fut notre effroi à ce spectacle! Plusieurs d'entre nous soutenoient qu'ils l'avoient vu mettre à mort, d'autres qu'on le faisoit rôtir. Les cris des sauvages, leurs danses, le peu d'intérêt qu'ils sembloient prendre à notre navire, tout concouroit à nous entretenir dans ces idées funestes. Ce nouveau malheur rompit nos mesures. Incertains sur le parti que nous avions à prendre, nous restions anéantis.

Cependant le péril pressoit, le bâtiment se brisoit de plus en plus : la lame emportoit à chaque instant quelques nouveaux débris sur la côte, les barbares s'en emparoient, et ils y mettoient aussitôt le feu. Malgré la crainte de la mort qui sembloit nous attendre sur le rivage, quelques matelots firent un radeau ; un d'eux, assez bon nageur, s'y jeta, dans la vue d'attirer quelques-uns de ces sauvages. Ils pénétrèrent nos desseins : aucun ne s'avança.

La mort nous paroissant inévitable, déterminés à tout entreprendre, nous mîmes le canot à la mer; dans l'intention de nous rendre à terre, les armes à la main, et de vendre chèrement nos jours. Aussitôt la lame l'emportant loin de nous, rompit les cordages qui le retenoient au navire, et à peine fut-il sur le rivage, qu'on y mit le feu.

Loin de nous décourager, ce nouvel accident nous ranime. La chaloupe nous reste encore; on la charge de vivres, d'armes, de tout l'argent qui étoit à bord. J'y fais placer mes bijoux, et ce que j'avois de plus précieux. Sur les deux heures, à force de bras, nous la mîmes à la mer, mais les lames étoient trop violentes; elle coula à fond, et on ne fit que des efforts inutiles pour sauver les effets qu'on y avoit embarqués.

Le nombre des barbares augmentoit de plus en plus. Nous étions privés d'embarcation, la nuit approchoit, de toutes parts un sort affreux nous menaçoit. Le tonnelier de l'équipage fixa tout-à-coup notre attention. « Mes amis, dit-il, je » suis bon nageur, je m'en vais à terre; si » ces nègres ont mangé M. Deschamp, ils » nous préparent à tous la même destinée; » s'il est en vie, je vous ferai signal. »

En achevant de prononcer ces mots , il s'élança dans la mer : nous le vîmes bientôt sur le rivage. Attentifs à tous nos mouvemens, les barbares l'y attendoient : ils l'environnèrent aussitôt, poussèrent mille cris de joie, le conduisirent à leur feu, le suspendirent par les pieds, et nous ne le vîmes plus.

Le mauvais succès de son intrépidité découragea entièrement l'équipage ; aucun ne vouloit travailler ; les matelots retirés dans leurs cabanes, n'écoutoient personne. Mes exhortations, celles des passagers, les promesses du second capitaine, rien ne pouvoit les émouvoir : « Notre perte » est inévitable , disoient-ils, qu'avons- » nous besoin de tant travailler pour courir » à la mort ? Attendons-la ici, au moins » nous aurons la consolation de ne pas » nous voir égorger. »

La nuit commençoit à devenir sombre ; le capitaine appelle tout le monde sur le pont, fait une prière générale , et nous propose ensuite de terminer nos peines en faisant sauter le navire. L'explosion de douze barils de poudre, renfermés dans la sainte-barbe , nous auroit fait périr en un instant ; quelques-uns étoient de son avis, les autres incertains ne savoient à quoi se résoudre.

Mes amis, leur dis-je, puisque votre capitaine est assez barbare pour vous exciter à vous donner la mort, il faut au moins que je vous ouvre les yeux sur la noirceur de ce dessein : songez-vous combien son exécution vous rendroit criminels ? Votre vie appartient au créateur dont elle est l'ouvrage ; lui seul en est le maître ; il peut vous l'ôter, il peut vous la conserver à son gré ; il peut amollir le cœur de ces barbares. Que dis-je ? barbares ! ils le sont mille fois moins que votre capitaine ! Qui lui a dit qu'ils nous égorgeroient ? Qui lui a dit qu'ils avoient massacré vos compagnons ? Il le croit, vous le craignez ; mais votre crainte suffit-elle pour vous autoriser à attenter à vos jours ? N'est-il pas plus probable, au contraire, que ces peuples, touchés de commisération, voyant vos compagnons nuds, transis de froid, accablés de faim et de fatigues, les auront conduits à leur demeure pour leur donner les soulagemens nécessaires. Mes amis, notre navire est bon ; il résiste à la mer ;

attendons

attendons à demain ; attendons que ces peuples viennent eux-mêmes à notre bord, ne précipitons rien, notre mort sera toujours assez prompte.

Les passagers, le second capitaine, appuyèrent mon discours ; armés de hâches, ils menaçoient d'égorger, sans pitié, le premier qui oseroit s'approcher de la chambre où étoient les poudres. Tout l'équipage céda à mon avis et à leurs menaces.

Le capitaine seul, sombre et pensif, quoique paroissant se rendre à mes raisons, cherchoit cependant l'occasion de faire réussir son funeste projet ; je crus qu'il n'étoit pas prudent de le laisser seul. Toujours accompagné d'un de nous, environné des matelots que nous avions gagnés, il ne pouvoit faire un pas sans être observé.

Les barbares, dont le nombre augmentoit de plus en plus, divisés par troupes de distance en distance, continuoient d'allumer des feux sur tout le rivage : les flammes, soutenues par étages par le moyen des pierres qu'ils avoient élevées en forme de pyramides, les sauts qu'ils faisoient autour du feu, les hurlemens affreux qu'ils poussoient à chaque instant, tout concou-

B

roit à rendre ce spectacle des plus terri-
bles. L'horreur de la nuit qui étoit devenue très-orageuse, le vent qui souffloit
avec impétuosité, la mer qui nous couvroit à chaque instant, enfin, tous les élé-
mens confondus sembloient se disputer
notre perte.

Accablés de douleur, de crainte et de
fatigue, presque tous les matelots s'étoient
retirés dans leurs cabanes. Pour éviter une
surprise, deux sur le pont observoient les
démarches des barbares, tandis que deux
autres veilloient avec nous sur le capitaine,
pour faire avorter ses desseins.

Il se coucha enfin, et nous pensions
qu'il alloit se livrer au sommeil; mais,
trompant notre vigilance, lorsqu'il nous
vit éloignés un peu de lui, il se mit deux
pistolets dans la bouche. Je l'apperçois,
j'accours, je veux l'arrêter;... il étoit déja
renversé sur son lit. On s'empressa de le
secourir; le chirurgien lui ôta une balle
qui s'étoit arrêtée au palais : nous le te-
nions; il s'arracha de nos mains; je sai-
sis ses pistolets, et les jetai dans la mer.
Furieux de vivre encore, il cherchoit les
moyens les plus prompts d'abréger son

existence , nous conjuroit de l'achever ;
nous eûmes tous horreur de sa résolution ;
nous tachâmes de calmer son désespoir,
que l'affoiblissement de ses forces rendit
bien moins impétueux, et il reçut enfin
les secours que nous lui présentions.

Plusieurs de l'équipage, dans la crainte
que les barbares ne nous imputassent sa
mort, vouloient le jeter dans la mer, en
lui attachant une pierre sur le ventre.
« Mes enfans, leur dis-je , ne finissons
» point nos jours par un crime : Dieu ,
» pour le punir, lui a conservé la vie :
» il ne nous appartient pas de la lui
» ôter. »

Ces paroles firent impression sur son
cœur. Sortant comme d'un profond assoupissement , il demanda du papier, sur
lequel il écrivit : « qu'ayant par sa né-
» gligence exposé la vie de tout son équi-
» page, il n'oseroit, après un tel nau-
» frage , se présenter sur la place de Bor-
» deaux ; qu'il se faisoit horreur à lui-
» même ; qu'ayant perdu son honneur , il
» ne pouvoit plus vivre. » Il signa cet écrit,
et le remit au second capitaine.

Le jour paroissoit, nous le laissâmes avec

le chirurgien et un matelot, après avoir
éloigné de lui tous les instrumens dont il
auroit pu abuser. Montés sur le pont, nous
apperçûmes plus de 200 hommes sur le rivage ; ils nous invitoient par leurs gestes à
descendre ; privés de nos embarcations,
nous travaillâmes à faire un radeau.

L'action du capitaine, loin d'abbattre
notre courage, l'avoit animé ; nous prîmes
les précautions nécessaires pour rendre notre radeau solide, il fut bientôt achevé.

Instruits par les malheurs de la veille,
nous attendîmes que la marée fut basse pour
le mettre à la mer. Pendant ce tems un des
barbares, plus hardi que ses compatriotes,
se décida à s'approcher de nous. L'impa-
tience que nous avions de savoir quels peuples couvroient le rivage, fit que nous nous
empressâmes de lui tendre des cordages : il
fut bientôt à bord.

Il nous apprit qu'il étoit Maure, sujet
du roi de Maroc ; que nos compagnons d'infortune étoient vivans ; et aussitôt, plus em-
pressé de piller que de répondre à nos questions, il nous demanda de l'argent. « Tiens,
» mon ami, lui dis-je, voici ma bourse,
» aie soin de moi. » Mes boucles d'argent

lui ayant fait envie, furent bientôt en sa possession : aussi ingrat qu'avide, il exigeoit encore plus de ma générosité : il me menaçoit pour obtenir de nouveaux dons.

Le traitement que nous lui faisions fut observé par ses compatriotes : la mer en fut aussi-tôt couverte ; le navire en fut bientôt plein ; déja ils étoient plus nombreux que nous : il falloit nous décider à gagner le rivage ; nous jetâmes le radeau à la mer : dix de l'équipage s'y embarquèrent ; j'étois du nombre.

Pendant que ceux qui étoient restés à bord secouroient les Maures, qui, à la nage, se pressoient pour monter sur le navire, nous faisions nos efforts pour nous sauver. Une lame furieuse vint se briser contre notre radeau ; cinq de mes compagnons d'infortune purent y rester : je fus entraîné avec les quatre autres ; je voulus m'attacher à l'un d'eux, qui étoit bon nageur : son propre danger le rendit insensible au mien ; il me repoussa avec violence ; je roulai plusieurs fois sur les rochers ; j'avois déja bu beaucoup d'eau : mes forces m'abandonnoient ; renversé sur le dos, j'errois au gré des flots, sans pouvoir m'approcher du ri-

vage. J'étois déja sans connoissance, lorsque trois Maures, qui s'étoient jetés à la
nage pour me secourir, me saisirent et me
traînèrent à terre ; ils me suspendirent par
les pieds, me froissèrent le ventre, me firent vomir toute l'eau que j'avois avalée,
m'approchèrent d'un grand feu, me cou-
vrirent de sable chaud. Je revins à moi ;
ils me déshabillèrent, et se disputèrent mes
dépouilles à coups de couteau.

Des quatre autres malheureux, que la
lame avoit jetés à la mer, le sieur Bardon,
jeune officier plein de mérite, se noya ; deux
sachant nager, vinrent bientôt à terre ; le
quatrième eut assez de bonheur pour rejoindre le radeau, que la lame avoit jeté
vers le bâtiment.

Restés six sur cette même embarcation,
ils gagnèrent le rivage, après avoir été long-
tems le jouet des flots. Le capitaine, malgré sa blessure, avoit eu assez de force pour
s'y soutenir.

Plus prudens que nous, ceux qui étoient
restés à bord attendirent que la mer fut entièrement basse, et, soit en nageant, soit
en marchant, ils évitèrent le danger.

Rassemblés au nombre de vingt autour

d'un grand feu , nous rendions graces à
Dieu de nous avoir arrachés au péril. Dépouillés et privés de tout bien , nous nous
trouvions cependant les plus heureux des
hommes. Uniquement occupés du danger
que nous venions d'éviter, nous ne pensions pas à notre misère présente , ni au
sort qui nous attendoit.

La mer venoit de jeter sur le rivage le
corps du pauvre Bardon : nous nous levâ-
mes à cette vue : le desir de le rendre à la
vie nous animoit; nous voulions tenter de
le secourir et de le sauver.

Le chef des Sauvages , qui , le sabre à
la main , observoit nos démarches , se fi-
gura sans doute que nous voulions retourner dans le navire. Il nous frappa sans pitié , et nous empêcha d'aller sur le rivage.
Le traitement de ce barbare nous plongea
dans de cruelles inquiétudes. Nous avions
beau lui montrer notre malheureux compatriote , il ne nous répondoit qu'en re-
doublant ses coups. Cette rigueur nous pré-
para à tous les évènemens. N'appercevant
aucune trace d'humanité dans la conduite de ces sauvages , nous crûmes
qu'ils ne nous réservoient que pour nous

faire subir une mort plus rigoureuse que celle à laquelle nous venions d'échapper.

Assemblés autour de nous, les uns armés de fusils, les autres de sabres, ou le poignard à la main, ils nous ordonnèrent de nous lever : nous le fîmes sans résistance, et nous marchâmes dans les terres à près d'une demi-lieue de la mer; ils nous conduisoient comme des troupeaux, frappoient ceux qui restoient en arrière ; enfin, ils nous firent arrêter pour nous partager.

Peu d'accord entr'eux sur ce partage, nous les vîmes plusieurs fois prêts à s'égorger. Nous ayant enfin divisés par la moitié, ils nous amenèrent sur le rivage au nombre de neuf. Mais à peine y fûmes-nous arrivés, que de nouveaux débats s'élevèrent ; ils se jetèrent sur notre petite troupe ; c'étoit à qui pourroit s'emparer d'un chrétien : ils se disputoient avec fureur notre possession, et aucun de nous ne fut à l'abri des effets de leur acharnement.

Séparé de mes compagnons d'infortune, accablé par la fatigue, la crainte, et par l'horreur de tout ce qui m'environnoit, je

courois sans savoir où porter mes pas :
quelques sauvages m'apperçurent , me
poursuivirent , me saisirent et m'entraî-
nèrent précipitamment sur le haut de la
montagne ; d'autres accourent , m'arra-
chent de leurs mains , et furieux de ce que
je n'avois pas résisté à la violence de leurs
rivaux , me font essuyer les traitemens
les plus inhumains. Je tombe sans mouvement sur le sable. Près de-là un grand
feu étoit allumé dans l'endroit où les femmes avoient fixé leurs demeures ; on m'approcha de ce brasier , dont la chaleur me
vivifia : je commençai à reprendre l'usage
de mes sens ; mais voyant de toutes parts
les apparences d'une mort prochaine , je
ne sentois mon existence que par l'excès
de mes maux.

Sur le soir , une troupe de ces sauvages
étant venue près de moi , je crus que c'en
étoit fait de mes jours ; je ne voyois plus
aucun François , je les croyois tous im-
molés à leur rage : ils me regardoient avec
une joie cruelle , chantoient , dansoient
autour de moi ; leurs femmes, assemblées
dans ce lieu, m'environnoient ; aucune ne
pensoit à me donner un morceau de toile

pour me couvrir. Effrayé par mille réflexions plus cruelles les unes que les autres,
je voulus savoir quel sort ils me réservoient : je leur demandai s'ils en vouloient
à ma vie. Surpris de mon inquiétude, qu'ils
ne croyoient point par leur conduite avoir
occasionnée , ils s'empressèrent de me
rassurer. Les uns me mirent une couverture sur le dos , d'autres coururent sur le
rivage et m'apportèrent du biscuit trempé
dans l'eau de mer : j'en mangeai peu ; la
joie que j'eus d'apprendre qu'ils ne son-
geoient pas à m'ôter la vie , suffisoit seule
pour ranimer mes forces. Le calme re-
parut sur mon visage ; ma nouvelle situation sembla leur faire quelque plaisir , ils
se rassemblèrent près de moi, et tâchè-
rent, par mille questions , d'augmenter
ma sécurité.

Ces peuples sont si grossiers qu'ils ne
pouvoient sortir de l'étonnement où les
jetoit l'ignorance que j'avois de leur
langue. Ils ne pensoient pas même à m'expliquer leurs pensées par des signes : ils
se figuroient que je devois les entendre ,
comme ils s'entendoient eux-mêmes. Lassés
enfin de ce que je ne pouvois répondre à

leurs demandes, ils me laissèrent ; leurs
femmes me firent coucher dans le sable,
et eurent soin de mettre une planche derrière ma tête, pour me garantir du vent.
Accablé par le poids de mes malheurs et
par la fatigue des jours précédens, je me
livrai enfin au sommeil.

Je passai trois heures environ dans un
profond repos. Eveillé au milieu de la
nuit par le bruit que faisoient mes maîtres, je m'abandonnai aux réflexions les
plus affreuses. Que vais-je devenir ? Que
prétendent ces barbares ? Que vont-ils
faire de moi ? Que sont devenus mes compagnons d'infortune ? (je n'en avois, la
veille, apperçu aucune trace) me ven-
dront-ils comme esclave, ou me garde-
ront-ils parmi eux, pour m'employer aux
travaux les plus durs et les plus vils ? Ma
liberté est-elle perdue sans retour ?

Déja le soleil paroissoit sur l'horizon et
j'étois encore agité par ces sinistres idées ;
je n'avois pas encore osé lever les yeux
pour considérer les objets dont j'étois environné ; le desir de savoir ce qu'étoient
devenus mes compagnons d'infortune,
quel traitement on leur avoit fait, me tira

enfin de l'assoupissement dans lequel j'étois plongé. Je les vis dispersés de côté et d'autre, aucun n'osant s'éloigner du lieu qu'on lui avoit marqué.

Le chirurgien obtint de son maître, qu'il lui fût permis d'aller voir le capitaine, dont la blessure avoit besoin de pansement; mais n'ayant pas les médicamens nécessaires, il ne put lui donner les secours que sa situation exigeoit. La démarche du chirurgien, auprès du capitaine, fut imitée par plusieurs matelots: je les suivis: d'autres me suivirent; et bientôt nous nous trouvâmes tous rassemblés, à l'exception d'un passager et d'un novice, sur le sort desquels personne ne put nous éclairer, et qu'on avoit vu la veille entraînés par les barbares.

Imaginant que ces sauvages reconnoissoient un chef, parce que nous appercevions quelque subordination entr'eux, nous crûmes qu'ils étoient allés lui présenter nos deux compatriotes.

Une douleur sombre se peignoit sur tous nos visages, nous pleurions ensemble sur notre déplorable destinée; nos discours n'étoient interrompus que par de longs gé-

missemens, nous n'osions penser à l'a-
venir : ce qui rendoit notre situation plus
affreuse, c'étoit la perspective de sa durée,
de sa continuité. Le terme de notre captivité sembloit ne pouvoir être que celui
de notre existence. L'espérance, conso-
latrice ordinaire des malheureux, nous
privoit elle-même de ces douces illusions.
Nous employâmes la journée entière à nous
encourager réciproquement; plaçant notre
confiance en l'être suprême que nous im-
plorâmes d'une voix unanime, nous réso-
lûmes d'obéir, avec soumission, aux ordres rigoureux de sa providence.

Le soir, nos différens maîtres nous sé-
parèrent ; on nous donna, comme la
veille, du biscuit mouillé d'eau de mer;
la faim horrible que j'avois, me le fit
trouver délicieux : ensuite, je me couchai
sur le sable, exposé aux injures de l'air.

Le lendemain nous nous revîmes tous,
non point à l'endroit où étoit le capitaine,
mais sur le rivage : nos maîtres nous y
avoient conduits pour y travailler. A peine
pouvois-je me soutenir : je voulus, par signes, faire entendre à mon maître que j'é-
tois trop foible pour faire ce qu'il me com-

mandoit. Sourd à mes raisons, il me
frappoit pour me forcer d'exécuter ses ordres. Plusieurs matelots, témoins de ce
spectacle, vinrent me donner du secours,
et aidé de leurs bras, je traînai plusieurs
tonneaux jusqu'à l'endroit où nous avions
coutume de coucher.

A la marée montante, on me fit cesser
l'ouvrage. Je croyois pouvoir réparer mon
épuisement par quelque repos ; mais tout-
à-coup mon maître me donna un nouvel
ordre. J'ignorois absolument son langage:
il fut contraint de me faire connoître, par
signe, qu'il m'ordonnoit d'aller chercher
du bois; une corde qu'il me donna pour
en apporter, fut le seul instrument qu'il
crut m'être nécessaire ; j'eus encore assez
de force pour gravir sur une montagne
voisine, qui étoit couverte de ronces et de
bruyères ; mes pieds étoient nuds : je n'é-
tois couvert que d'une mauvaise chemise,
dont on m'avoit revêtu la veille.

N'ayant aucun instrument pour couper le
bois, je déchirois, j'ensanglantois mes mains,
pour arracher les racines de bois mort
qui se présentoient à ma vue, et après
deux heures de recherche et de fatigues,

je parvins à completter un fagot. Je le
chargeai sur mon dos, et les épines des
branches qui le composoient perçoient mes
épaules qu'aucun vêtement ne garantissoit.

Arrivé au lieu de notre résidence, couvert de sang et accablé de lassitude, à
peine y eus-je déposé mon fardeau, que
quelques femmes me montrèrent en riant
que je n'avois pas apporté le bois qui leur
étoit nécessaire ; elles me firent connoître
la qualité de celui quelles brûloient ordinairement, et m'ordonnèrent d'aller en
chercher ; je leur fis signe que j'avois
faim : elles me dirent qu'elles n'avoient
rien à me donner à manger, mais qu'une
d'entr'elles étoit allée à leur demeure, et
qu'au soleil couché on me donneroit de la
nourriture.

Plein de désespoir, je fus forcé de retourner sur la montagne dont je venois de
descendre ; mais à peine avois-je arraché
quelques morceaux de bois, que je vis
venir vers moi deux femmes, qui m'ai-
dèrent à composer un nouveau fagot. Cette
seconde charge, fut encore plus forte que
la première : je ne pus faire vingt pas sans
succomber sous le poids. Elles revinrent

vers moi, me rechargèrent, et je retombai encore : enfin ayant partagé cette charge, je la portai en deux fois au lieu de notre demeure. Je me reposai le reste du jour, accablé de douleur, de fatigue, et mourant de faim.

Sur le soir, je vis arriver cette femme dont on m'avoit parlé : mes yeux parcourant aussitôt les objets qu'elle avoit apportés, je n'apperçus point de vivres. Impatient, pressé par le besoin qui se faisoit sentir de plus en plus, je demandai à manger : on se mit à rire ; on me dit de prendre patience.

Enfin sur les dix heures du soir, mon maître m'appella. On avoit apporté du lait dans une peau mal-propre et dégoûtante : il en versa dans un plateau de bois, et après y avoir jeté des cailloux chauds ; il me fit signe de boire : ce breuvage, quoique d'un goût plus détestable que le vinaigre le plus fort, fut pour moi un nectar délicieux : le plateau fut vuide en un moment, et si j'eus à me plaindre, ce fut moins du goût âcre de cette boisson que de la petite quantité qu'on m'en donna. Ayant par ce moyen repris un peu de force, je je m'étendis sur le sable, et m'endormis.

Le 22, au lever du soleil, il fallut suivre mon maître sur le bord de la mer, et j'y travaillai comme la veille à vider le bâtiment.

Ce jour-là j'appris que le major, le maître de l'équipage et deux matelots avoient formé le projet de déserter. Alarmé par l'imprudence de leur résolution, je me rendis près d'eux ; je les trouvai rassemblés, ils me proposèrent de les suivre ; je parus les approuver pour me concilier leur confiance. Mais quand ils me crurent bien disposé : nous allons donc fuir, leur dis-je, et comment vivrons-nous ? savons-nous combien nous avons de chemin à faire pour gagner la première ville ? qui sera notre guide ? qui nous répond que nous ne nous écarterons point de notre route ? que nous ne serons point dévorés par les bêtes féroces qui sont répandues dans ces lieux ? qui nous assure que nous ne serons point repris ? et si nous le sommes . . . quel sera notre sort ! Enfin après plusieurs réflexions semblables, je leur dis : mes amis, quelle que soit la rigueur de notre position, souffrons avec patience, attendons encore quelques

C

jours ; notre sort peut changer : ces barbares n'en veulent point à nos jours, peut-
être nous donneront-ils notre liberté. Ils se
rendirent à mes instances.

Je leur représentai que nous étions
dans la nécessité de ne jamais former de
pareils projets sans recueillir au moins
plusieurs avis, qu'autrement abandonné à
soi-même, égaré, désespéré, chacun de
nous s'exposeroit à commettre des imprudences qui lui causeroint des regrets éter-
nels. Ils furent touchés de mes avis, devin-
rent plus tranquilles, me promirent de me
communiquer désormais toutes leurs résolutions, et me regardèrent dès ce moment
comme un chef prudent, dont il convenoit
de suivre les conseils. Je ne négligeois rien
pour établir solidement parmi nous un
esprit d'union, de fraternité, pour écarter
sans retour tout projet de désertion ; et
j'apperçus avec plaisir qu'ils se pénétroient
des sentimens de paix, de soumission et
de patience que je voulois leur inspirer.
Leurs maîtres, tout sauvages qu'ils étoient,
apperçurent aussitôt leur subordination à
mon égard, et chacun d'eux, quand il me

parloit , ne me nommoit plus que *Com-
mendor* , (nom que j'ai conservé parmi eux
jusqu'à Mogodor).

Le bon ordre ainsi établi , c'étoit une
inquiétude de moins pour moi. Je suivois
mes travaux ordinaires : tantôt je portois
des sacs , tantôt je roulois des bariques :
ma nourriture étoit chaque jour la même;
j'avois un peu de lait matin et soir.

Pendant que nous sommes restés sur le
bord de la mer , les bariques de farine que
nous tirions du bâtiment , ayant été par-
tagées parmi les Maures , mon maître m'en
donnoit tous les matins la valeur de trois
poignées , pour faire un pain : et tout petit
qu'il étoit , il me suffisoit pour toute la
journée. Le soir j'allois arracher du bois ;
à mon retour je buvois un peut de lait
aigre , puis couché sur la terre , je dormois
si je pouvois , toujours exposé aux injures
du tems.

Le 23, avant de commencer mes travaux,
j'allai dans les diverses cases visiter mes
compagnons d'infortune ; je les trouvai
tranquilles , et toujours disposés à ne rien
faire que de mon avis. Après les avoir
quittés , je me sentis tout-à-coup arrêté;

c'étoit un Maure qui, s'emparant de moi, vouloit me forcer d'entrer dans sa case. Connoissant le caractère dur et sauvage de mon maître, je fis résistance : ce barbare me donna deux coups de poing sur la figure, me renversa, m'entraîna dans sa case, et me menaçant de me tuer si j'osois en sortir, il s'éloigna pour profiter des débris de la cargaison du navire. Sachant que je ne lui appartenois pas, et craignant que si je restois dans sa case, il ne m'arrivât quelque nouveau malheur, je voulus profiter de son absence, pour m'en éloigner, et me rendre à celle de mon maître. J'étois à peine sorti, que soit qu'on l'eût averti, soit que sa défiance l'eût porté à revenir pour me garder plus soigneusement, il courut vers moi, et me fit succomber sous les coups redoublés dont il m'accabla.

Plusieurs Maures témoins de ce spectacle me reconnurent, et allèrent en porter la nouvelle à mon maître. Celui-ci moins affecté de la perte de ma personne, que furieux d'apprendre qu'un autre que lui avoit osé me frapper, s'arma de son couteau et de son fusil, et accourut vers mon ravisseur pour lui demander raison de son action, et me reprendre. Il le trouva accompagné de six de ses amis, qui, armés de toutes pièces, l'attendoient de pied ferme. Trop foible pour l'attaquer, il retourna chercher du sécours parmi ceux de sa famille, résolu de tout tenter plutôt que de me laisser entre les mains de son ennemi. Alors les forces étant devenues égales, mon maître l'attaqua avec fureur, lui porta plusieurs coups de couteau, l'étendit sur le sable: pendant ce tems d'autres Maures de ses parens ou de sa horde se saisirent de moi, et me reconduisirent vers ma case.

Ce petit combat fini, les parens ou plutôt les barbares de la horde de mon ravisseur, qui tous étoient occupés sur le rivage, attirés par les cris des femmes, et animés par les discours de ceux qui avoient été contraints de chercher leur salut dans la fuite, se réunirent armés de sabres et de fusils, et accoururent pour tirer vengeance de l'affront quils venoient de recevoir dans la personne d'un de leurs chefs (*).

(*) L'endroit où nous fîmes naufrage étoit limitrophe de la province dés Mosselemis ; les Mougeares,

C 3

Plusieurs coups de fusil tirés par les Mougeares qui regagnoient précipitamment le
haut de la montagne, avertirent mon
maître du danger auquel il alloit être exposé;
il assembla aussi-tôt ses gens : tous coururent aux armes ; les Mosselemis s'avancè-
rent en ordre ; les Mougeares aussi braves
qu'eux, se voyant en état de tenir ferme,
étoient réunis, leur chef à leur tête : ils
poussèrent des hurlemens horribles ; la dispute de deux particuliers étoit devenue celle
de deux hordes entières. Déja quelques
femmes incertaines sur l'issue de ce combat,
nous entraînoient dans les terres. La crainte
d'être blessés nous-mêmes, si nos maîtres
étoient vaincus, nous excitoit aussi à nous
éloigner du lieu de l'action. Tout présageoit
un combat prochain et inévitable, lorsque
les femmes éperdues, éplorées, se préci-
pitèrent au milieu d'eux, arrachèrent leurs
armes, et calmèrent, par leurs larmes et
leurs prières, la fureur meurtrière qui les
animoit. Alors un des chefs des Mosselemis

peuple d'une province située plus au sud, étoient les
premiers qui s'étoient apperçus de notre naufrage, et
par droit établi entr'eux, tous les captifs devoient
leur appartenir ; aussi furent-ils nos premiers maîtres.

s'étant avancé seul vers les Mougeares ;
ceux-ci suspendirent leur marche ; un des
leurs se détacha pour l'écouter, et après
quelques momens d'entretien , chacun
d'eux se retira du côté de sa horde ; ce fut
le moment de la paix. Les Mosselemis rejoi-
gnirent leurs cases, les Mougeares en firent
de même ; et tous ayant mis bas les armes,
allèrent vers le vaisseau, pour continuer à
s'enrichir de nos dépouilles.

Mon maître nous ayant fait revenir sur
le bord de la mer, me donna pleine liberté
d'aller où je voudrois ; la seule chose qu'il
exigea de moi, fut de faire chaque jour la
provision de bois pour la case : mais il ne
m'employa plus à rouler les tonneaux, ni à
porter les barres de fer, etc. etc. Ainsi cette
journée qui avoit commencé d'une manière
si funeste pour moi, qui sembloit ne me
préparer que de nouvelles disgraces , quel
qu'eût été l'évènement du combat ,
rendit au contraire mon sort plus doux ;
mon maître s'attacha davantage à ma personne, et fit cesser mes travaux.

Quatre jours se passèrent ainsi. Le matin
je faisois un pain pour me nourrir pendant
toute la journée ; allumant un grand feu

sur le sable , je jetois sur la braise un peu de pâte , et lorsqu'elle étoit cuite , je la retirois ; le vin que j'avois tiré du navire me servoit de boisson.

Le 27 , ces deux peuples , fatigués d'être restés si long-tems sur le bord de la mer , s'assemblèrent tous ; et soit qu'ils regardassent ce qui restoit dans le navire comme inutile pour eux , soit qu'ils ne s'accordassent pas sur le partage qu'il auroit fallu en faire , ils aimèrent mieux détruire ce qui restoit ; ils mirent le feu au vaisseau : nous le vîmes bientôt embrâsé ; ces barbares n'avoient pas pénétré jusqu'au fond du bâtiment ; il y restoit douze barils de poudre : quoiqu'ils fussent mouillés par l'eau de la mer, l'explosion fut si forte que cinquante Maures furent blessés , et huit y perdirent la vie.

Le 28 , on quitta le rivage ; on chargea les chameaux de tous les effets qu'on avoit pu tirer du navire ; à midi, presque tous les barbares avoient disparu , et avoient emmené avec eux leurs esclaves de divers côtés, sans permettre qu'ils pussent se voir et s'embrasser avant leur séparation.

Je croyois être le seul François qui restât encore sur la côte, lorsque je vis venir vers moi le capitaine. Défiguré par ses blessures, il avoit l'œil égaré, le visage sanglant et livide; déja sa bouche étoit gangrenée, sa mort étoit prochaine; il chanceloit, se soutenoit à peine, quoique appuyé sur deux Maures qui le conduisoient près de moi, et qui s'éloignèrent aussitôt; aucun de ces barbares ne vouloit en prendre soin, parce qu'il n'étoit pour eux qu'un esclave plutôt incommode qu'utile.

J'avois volé à sa rencontre; mon cœur étoit serré, mes larmes couloient en abondance; il n'étoit plus à mes yeux ce capitaine imprudent dont les fautes m'avoient plongé dans l'esclavage; je ne voyois plus en lui qu'un compatriote souffrant et moribond, dont les douleurs surpassoient les miennes : l'excès de ses maux me le rendoit cher, intéressant, respectable. Je m'empressai de lui procurer tous les secours qu'il étoit en mon pouvoir de lui offrir. Ne pouvant le faire entrer dans la case de mon maître qui auroit refusé de l'y recevoir, je hâtai d'en préparer une avec les ronces que je ramassai; et après une heure de travail, je pus ainsi lui donner un asyle et le mettre à l'abri des injures de l'air.

Il paroissoit surpris qu'ayant inspiré plus d'horreur que de compassion aux Maures, il trouvât encore ce dernier sentiment dans le cœur d'un homme dont il avoit causé l'infortune : sa langue blessée, déchirée, ne pouvant articuler que des sons confus, il traça sur le sable les dernières expressions de sa reconnoissance, me pria de lui pardonner les imprudences dont j'étois la victime, et de ne pas l'abandonner pendant les derniers momens de sa déplorable existence. Je le rassurai par tout ce que l'humanité, la pitié, l'attendrissement, peuvent suggérer de plus consolant, de plus affectueux. Je lui témoignai, par des protestations réitérées, le desir que j'avois de pouvoir, par mes soins, prolonger et fortifier le léger soufle de vie qui lui restoit encore.

Mais tout-à-coup j'entendis les cris d'un Maure, qui accouroit avec précipitation; il fut bientôt arrivé près de nous, et m'ordonna, par des signes menaçans, de m'éloigner du capitaine. Il en coûtoit trop à mon cœur de délaisser mon compatriote mourant. Je restois à ses côtés malgré les ordres du Maure. Irrité de ma résistance, il me mit en joue avec le fusil dont il étoit armé. J'étois perdu si quelques femmes présentes à ce spectacle, ne lui eussent demandé grace et arraché son arme. Pour moi, n'attendant que la mort, imaginant que ces barbares n'ayant plus besoin de nous, avoient inhumainement massacré mes compagnons, je ne cherchois point à éviter le dernier coup que le Maure me préparoit ; je restois immobile.

Cependant il fallut céder à la force : il fallut rentrer dans la case de mon maître ; il fallut abandonner le malheureux capitaine, qui resta dans celle que j'avois formée à la hâte. La fin du jour approchoit, j'avois besoin de repos. Mais mes inquiétudes sur le sort qu'on me destinoit, sur celui qu'on réservoit au capitaine, le bruit continuel que faisoient les barbares, m'empêchèrent de m'y livrer. Feignant d'être plongé dans un profond sommeil, j'observois attentivement toutes leurs démarches.

Au milieu de la nuit, plusieurs s'approchèrent de moi, pour savoir si je dormois ;

cette curiosité redoubla mes attentions et
mes craintes. A travers des ronces qui formoient l'enceinte des cases, je pouvois appercevoir ce qui se passoit dans celle que
j'avois donnée pour asyle au capitaine,
et qui étoit très-rapprochée de celle de
mon maître. Bientôt je vis les Maures lui
faire avaler, par une corne de bœuf, un
breuvage qui le jeta dans un prompt assoupissement, et quelques momens après
ils l'assommèrent avec les crosses de leurs
fusils. J'entendis avec frémissement son
dernier cri, son dernier soupir.

Frappé des précautions qu'ils avoient
prises pour me cacher ce meurtre abo-
minable, je me gardai bien le lendemain
de leur faire connoître que j'en avois été
le témoin ; peut-être ils m'auroient fait
périr avec la même cruauté. Le Maure
qui avoit voulu me tuer la veille, s'approcha de moi à la pointe du jour, m'apprit que le capitaine étoit mort, et voulut
me conduire près de son cadavre ; mais ce
spectacle eût été horrible pour moi, je re-
fusai de le suivre.

Sur les dix heures du matin, mon maître
se mit en route pour retourner dans les

montagnes au lieu de sa résidence ordinaire. J'allai à sa suite, couvert d'une mauvaise chemise, nuds pieds et sans chapeau. Il seroit difficile de concevoir combien l'ardeur du soleil me fit souffrir, et quelles douleurs j'endurai en marchant sur des pierres aiguës pendant toute la journée. Enfin, sur les six heures du soir, nous arrivâmes à l'habitation de mon maître, qui étoit située entre deux montagnes.

Dix cases placées à distances égales les unes des autres, formoient ce petit village ; mon maître en étoit le chef. Les Maures vinrent le féliciter de son retour.

Je fus bientôt le principal objet de leur curiosité : ils se pressoient autour de moi, me regardoient avec surprise, même avec plaisir, me faisoient tous des signes multipliés que je ne comprenois pas, me parloient tumultueusement en un langage que je comprenois encore moins. Une partie de la nuit se passa en chants et en divertissemens.

Ces barbares n'ont d'autre logement qu'une tenture de toile tissue avec du poil de chèvre et du poil de chameau, étendue

sur des perches longues de huit à neuf
pieds : là on ne voit d'autres meubles que
quelques peaux de chèvres qui leur servent
de vêtemens, et une natte de jonc, qui
est le lit commun de toute une famille,
du mari, de la femme et des enfans. Quelques heures après notre arrivée je bus du
lait aigre ; on ne me donna pas d'autre
aliment. Je me couchai ensuite au milieu
des chevreaux que les Maures renferment
dans leurs tentes pendant la nuit, pour
les mettre à l'abri des bêtes féroces qui
infestent cette contrée ; j'étois accablé par
les fatigues que j'avois éprouvées pendant
le jour ; je dormis bientôt profondément.

Je restai deux jours dans ce lieu sans qu'on
exigeât de moi aucun service. Le troisième,
l'aurore commençoit à peine à paroître,
qu'on m'appella pour aller chercher du bois.
J'obéis, et à mon retour on me donna un
peu de lait. Sur les neuf heures il fallut
mener le troupeau de chèvres au pâturage :
un enfant m'accompagna pour me montrer
le lieu où il falloit les conduire ; je les ra-
menai dans la case avant le coucher du
soleil ; j'allai ensuite faire une seconde provision de bois, et quand je l'eus apporté, on

ne m'offrit qu'une ration de lait, aussi peu abondante que celle qu'on m'avoit donnée le matin. Je n'ai jamais eu d'autre nourriture pendant que j'ai été l'esclave de mon premier maître.

Je continuai de mener, les jours suivans, cette vie uniforme et pastorale. Qu'elle m'eût paru douce, si dans ce desert la nature s'étoit présentée à mes regards sous l'aspect riant dont elle se pare dans nos contrées ! Mais là je cherchois vainement ces brillans paysages, ces prairies couvertes de fleurs variées, ces bocages frais et touffus qui embellissent les campagnes de France. La terre y est toujours desséchée et stérile, ou n'y voit croître que des ronces et des bruyères, aucun arbre n'y montre son feuillage. Une soif dévorante me consumoit, et je ne trouvois aucun ruisseau pour me désaltérer. Un soleil brûlant m'embrâsoit, et je n'appercevois aucun ombrage sous lequel je pusse éviter l'ardeur de ses rayons. Je ne pouvois m'en garantir un peu, qu'en me couvrant la tête de ma chemise, que je pliois en forme de turban ; nuds pieds, je courois sans cesse à travers les épines pour rassembler mon troupeau.

Errant dans cette affreuse solitude,
j'étois encore plus vivement tourmenté par
les peines morales, par les chagrins cuisans,
par les regrets cuisans qui déchiroient mon
cœur, que par les maux physiques qui épui-
soient mon corps débile. Souvent le souvenir des biens que j'avois perdus, du bonheur paisible dont je jouissois dans ma
patrie, des douceurs que je goûtois dans le
sein de ma famille, des personnes chères
dont j'étois séparé, venoit se retracer à mon
imagination. Quelquefois attendri, pénétré
par ces tristes idées, je me prosternois à
genoux, je levois vers le ciel des mains sup-
pliantes, des yeux baignés de pleurs ; quelquefois aussi je m'abandonnois au plus violent désespoir ; j'avois mon existence en
horreur, je desirois la destinée des animaux
dont j'étois le pasteur, je regrettois de
n'avoir pas péri avec ce jeune officier, dont
les flots avoient rejeté le cadavre sur le rivage;
je portois envie au sort de l'infortuné capitaine que j'avois vu massacrer.

Un jour, accablé par la chaleur, excédé
de fatigue, assis au pied d'une colline,
j'étois en proie à ces cruelles réflexions ;
mon troupeau, éloigné de moi, paissoit à
l'aventure,

l'aventure, lorsque les rugissemens d'un tigre que je vis paroître à la cîme du côteau, me glacèrent d'effroi ; une prompte fuite pouvoit seule me dérober à la furie de cet animal féroce. A quelque distance j'apperçus des ronces qui étoient épaisses et un peu élevées, j'y courus précipitamment. Couché contre terre, derrière cet asyle, tremblant, inanimé, craignant même de respirer, je vis le tigre fondre sur mon troupeau, étrangler trois chèvres et dévorer leur chair palpitante : les autres étoient dispersées sur la montagne et dans la plaine ; je les rassemblai quand le tigre eut disparu. Mais redoutant le brutal emportement de mon maître, que la perte de ses trois chèvres ne manqueroit pas d'irriter, je ne savois si je devois retourner à la case, ou abandonner mon troupeau et fuir dans la campagne. Déja le soleil ne paroissoit plus sur l'horizon, et j'étois encore irrésolu sur le parti que j'avois à prendre.

Impatient de ne point me voir revenir, craignant qu'il ne fût arrivé quelque malheur à son troupeau, mon maître avoit pris ses armes pour venir à ma rencontre : son fils l'avoit suivi. Je frémis en les voyant;

D

ils me demandèrent pourquoi je revenois si
tard ; je leur en appris la cause. Nous arrivâmes à la case, et aussitôt on me fit asseoir
sans me permettre de lier les chevreaux,
comme je le faisois ordinairement ; on me
refusa la peau dont je me couvrois sur le
grabat où je couchois. Mon maître furieux,
s'arma de cordes et me frappa long - tems
avec la dernière inhumanité ; mon sang
ruisseloit de toutes parts : je tombai sans
connoissance. Dans ce pitoyable état, je
fus attaché au pied d'un poteau qui étoit
planté à l'entrée de la case, et j'y demeurai
exposé pendant toute la nuit, qui fut très-
froide et très-humide.

Lorsque le jour parut, on vint me dé-
tacher. Mais hélas ! je n'appercevois pas
ceux qui me délioient ; j'avois perdu la vue :
l'abondance et l'humidité de la rosée
avoient fait sur mes yeux cette impression
funeste. Je fus écrasé, anéanti par un malheur si inattendu. Quelques paroles que
j'entendis proférer à mon maître, me firent
appercevoir qu'il se repentoit de sa brutalité ; mais sa femme plus cruelle que lui,
étoit insensible à la rigueur de ma situation ;
je l'entendis dire, à voix basse, que je serois

un esclave inutile, embarrassant, et que
si dans trois jours je ne recouvrois pas la
vue, il faudroit m'assommer pendant mon
sommeil. Qu'on imagine, s'il est possible,
quelles idées noires, quelles réflexions
désespérantes dut faire naître dans mon
esprit ce langage dénaturé. Je ne savois à
laquelle m'arrêter : je tombai dans un tel
accablement que, pendant quelques momens, je perdis, pour ainsi dire, le sentiment de mon existence. Revenu à moi,
j'invoquai l'être suprême ; je le suppliai
de me rendre la vue ou de m'arracher
la vie.

Le fils de mon maître m'avoit fait rentrer
dans la case, m'avoit bassiné les yeux,
m'avoit donné du lait : le soir il s'approcha
de moi, me parla avec quelque douceur,
m'invita à dormir : mais le désespoir s'étoit
fixé dans mon cœur, le repos n'étoit plus
fait pour moi. Je gémissois, je pleurois, je
priois ; le moindre bruit m'intimidoit,
m'effrayoit ; je croyois, à chaque instant,
qu'on se préparoit à suivre le barbare conseil donné par la femme de mon maître,
qu'on alloit s'approcher de moi pour me
donner le coup mortel.

D 2

Déja mon aveuglement duroit depuis trente-cinq heures ; on venoit de me bassiner les yeux, lorsque je distinguai confusément la femme de mon maître. Je me levai avec transport ; j'allai aussitôt vers elle, pour lui faire voir que ma vue commençoit à s'éclaircir ; elle en parut satisfaite. Son mari, à son retour, en reçut la nouvelle avec plaisir, et dans l'espace de douze heures je m'apperçus avec une joie inexprimable que mes yeux se fortifioient. Depuis cet accident je n'allai plus chercher du bois, je ne gardai plus les troupeaux ; on ne songea qu'à se débarrasser de mon individu. L'occasion qu'on attendoit ne tarda pas à se présenter. Un Maure étranger passa dans la contrée, et je lui fus vendu pour trois chèvres.

Le 14 février, je suivis mon nouveau maître ; il demeuroit à cent lieues environ de l'endroit où j'étois : je sus qu'il étoit plus riche que le premier ; qu'il avoit un nombre infini de moutons, de chèvres, de bœufs et de chevaux ; qu'il possédoit 87 chameaux, six nègres, trois négresses ; qu'il étoit un des opulens marchands de ces contrées.

J'ignorois entièrement à quels travaux il

me destinoit., et dans quel endroit il me conduisoit. Je le suivis nuds pieds à travers le montagnes. Sur le soir, j'apperçus des cases ; je crus que c'étoit sa demeure : dix Maures qui l'attendoient dans ce lieu me confirmèrent dans cette opinion; je ne pensois pas que ces barbares s'occupassent d'aucun commerce ; j'ignorois qu'ils portassent fréquemment des marchandises dans les provinces les plus éloignées, pour les échanger contre des bestiaux et de la laine, et qu'ils s'éloignent souvent de leurs demeures à plus de deux cents lieues : mais l'expérience m'apprit bientôt quelle est la longueur de leurs courses vagabondes. Trouvant l'hospitalité dans toutes les hordes qui sont répandues au milieu du desert, ils n'ont pas besoin de porter avec eux beaucoup de nourriture ; lorsqu'ils veulent faire des provisions pendant le cours de leur voyage, une paire de ciseaux, un couteau, et d'autres menus objets, leur en procurent beaucoup plus qu'ils n'en peuvent consommer pendant huit jours. Ils sont toujours bien armés et marchent en nombre suffisant pour résister aux brigands qui pourroient les attaquer.

Je n'avois presque pas mangé avant de partir. Au moment de l'arrivée, on me donna de la farine d'orge délayée dans de l'eau ; je la mangeai avec goût : je me couchai sur des roches, et les fatigues de la journée me procurèrent un repos assez tranquille.

Le lendemain, dès la pointe du jour, il fallut se remettre en marche. Il n'étoit pas encore dix heures du matin, qu'ayant moins de force que de courage, je restai en arrière, faisant tous mes efforts pour suivre mon nouveau maître ; il s'apperçut que j'étois éloigné de lui, et aussitôt un Maure de sa suite fut chargé de me faire avancer : fidèle à l'ordre qu'il venoit de recevoir, celui-ci me donnoit des coups de corde sur les reins dès que mon pas paroissoit se ralentir ; il sembloit s'acquitter avec joie de la commission odieuse que son chef lui avoit donnée. Plus de dix fois, pendant cette journée, je fus réduit à la nécessité de boire de l'urine de jumelle de chameau pour me désaltérer; pour surcroît de malheur, je reçus deux coups de soleil, l'un sur le dos qui fut peu sensible, l'autre tomba sur mes jambes qui, déja enflées par la fatigue, en furent vivement affectées.

Mon maître étoit le seul qui ne plaignît point mon sort : malgré un tremblement général dont tout mon corps étoit saisi, malgré l'inflammation de mes jambes, il exigea toujours que je continuasse la route à pied, sans vouloir me permettre de monter sur un de ses chameaux; impitoyable, il agravoit encore mes douleurs par les coups redoublés dont il m'accabloit à chaque instant. Je lui demandai plusieurs fois la mort; sourd à mes prières, il me la refusoit, et ne me répondoit que par des menaces.

J'arrivai enfin au lieu où l'on s'étoit proposé de coucher; je ne pus prendre la nourriture que ces monstres me présentèrent : j'avois une fièvre violente qui dura pendant toute la nuit.

Le lendemain, il fallut de même se mettre en route ; on me força de prendre les devants. Le soleil commençoit à peine à paroître, que j'étois déja incapable de marcher, de me soutenir, mes jambes me refusoient entièrement leur service : alors mon maître, craignant sans doute que je ne retardasse la célérité de sa marche, me fit mettre sur un de ses chameaux; les sauts

horribles de cet animal me fatiguoient encore cruellement : comme je ne pouvois
m'y tenir qu'avec peine , les Maures me
lièrent sur le chameau pour s'épargner la
peine de prendre aucun soin de ma personne ; ils continuèrent les jours suivans
de m'attacher sur cette monture, et j'arrivai le 25 février , après un voyage de
douze jours, aux cases de mon maître.
Deux nègres et plusieurs femmes s'étoient
empressés de venir à sa rencontre ; on me
donna quelque nourriture et beaucoup de
lait à boire.

On me laissa trois jours dans une entière tranquillité ; j'étois couvert de plaies ;
mes jambes étoient devenues plus grosses
que mon corps ; on y voyoit plusieurs ou-
vertures qui tendoient à suppuration : ma
situation inspira enfin quelque pitié à ces
barbares : ils songèrent à me procurer les
secours qu'ils croyoient m'être nécessaires ;
on m'étendit sur le sable , et pendant que
quatre Maures me tenoient avec force,
mon maître brûla les chairs qui environnoient mes plaies avec des lames de couteau qu'il avoit fait rougir. Je souffris
alors des douleurs inouies ; je poussai des

cris horribles ; mais ce remède, analogue
à la férocité de ces barbares , me procura
une guérison assez prompte.

Le premier mars , on me fit aller aux
champs pour garder le chameaux , et les
empêcher de paître dans les pièces de terre
nouvellement ensemencées. Comme j'é-
tois encore dans l'impuissance de suivre
le pas ordinaire des chameaux , mon
maître eut la précaution de leur attacher
les pieds de devant ; le matin, avant de
les conduire au pâturage , on me donnoit
une grande tasse de lait ; le soir , à mon
retour , on m'en donnoit encore, et sur
les dix heures, on me faisoit souper avec
de la pâte de farine d'orge ; j'étois mieux
couché que je ne l'avois été pendant mon
premier esclavage , je reprenois visible-
ment mes forces, ce qui fit beaucoup de
plaisir à mon maître ; il ne m'avoit d'abord
regardé que comme un être qui étoit près
de perdre la vie , et ne s'intéressoit point
à me la conserver ; mais voyant que ma
santé se rétablissoit, il me regarda comme
un esclave précieux dont il pourroit tirer
grand profit : ce fut sans doute ce motif
qui l'engagea à ne plus m'envoyer garder

les chameaux ; il prenoit grand soin de
ma personne, et quand il me voyoit triste,
il me faisoit donner du lait, de la nourriture, du tabac, enfin tout ce qu'il croyoit
pouvoir faire diversion à mes maux.

La bonté et les égards qu'il eut pour
moi me firent oublier sa barbarie passée ;
souvent il n'emmenoit avec lui promener
dans la campagne : il prit des informa-
tions sur le sort de mes compagnons d'infortune, et m'apprit que tous dispersés à
une journée environ, s'approchoient du
lieu où j'étois. Jamais nouvelle ne me fût
plus agréable ; l'espoir qui, jusqu'à ce
jour, avoit été banni de mon cœur, commença à y renaître ; le souvenir de ma
patrie y excitoit plutôt le desir de m'en
rapprocher qu'il ne réveilloit le regret d'en
être éloigné. Je demandois souvent à mon
maître s'il pensoit à me vendre : ses ré-
ponses m'annonçoient toujours que ma
destinée devoit bientôt changer ; il ne me
gardoit encore que pour tirer ensuite
meilleur parti de ma personne.

Enfin, me voyant dans l'état qu'il dé-
siroit, il me mena sur un chameau à une
petite ville nommée Glimy, située à trois

lieues environ de la case. Plusieurs
Maures m'examinèrent, me marchandè-
rent et ne tombèrent pas d'accord : il me
reconduisit chez lui. Le lendemain, un
de ceux qui m'avoient vu au marché, vint
à la case de mon maître. La vente se con-
somma : je devins l'esclave d'un troisième
maître, qui me ramena à Glimy le quinze
mars.

Le second capitaine y étoit déja ; ce fut
le premier de mes compagnons que je vis,
depuis que nous nous étions séparés sur le
bord de la mer. Mahamet (c'étoit le nom de
mon nouveau maître), en homme qui entend ses intérêts, vendit la moitié de ma
personne à un juif nommé Aron. Je vivois
trois jours chez l'un, trois jours chez
l'autre : ils me traitoient assez humaine-
ment tous les deux, m'occupoient à mou-
dre de l'orge, à porter de l'eau, et me
nourrissoient, tantôt avec de l'orge, tantôt avec du couscouse : je couchois sur la
paille, à côté de la mule d'un de mes maîtres, au-dessous d'un toit qui couvroit
une partie de sa cour.

Cependant, M. Mure, vice-consul de
France dans l'empire de Maroc, ne né-

gligeoit rien pour briser les liens de notre
captivité et nous rapprocher des états de
l'empereur : lettres écrites à ce prince,
courriers maures expédiés pour nous dé-
couvrir, pour nous réunir, présens, promesses, argent, tout fut mis en usage.

Les efforts qu'il faisoit pour nous tirer
d'esclavage, l'exposoient lui-même à de
grandes disgraces ; car l'empereur de
Maroc est extrêmement jaloux de délivrer,
par la médiation de ses propres émissaires,
les esclaves qui sont dispersés dans les deserts qui environnent ses états ; et souvent
il inflige des peines sévères aux Européens
qui ont racheté la liberté de leurs compatriotes.

Mais les ordres que donne l'empereur
pour le rachat des esclaves chrétiens ne
sont jamais fidèlement exécutés ; les gouverneurs ou les juifs qu'il en charge ordinairement, ont intérêt de garder, le plus
long-tems possible, l'argent qu'il leur
confie pour cet objet ; ils lui font entendre
qu'on exige des rançons trop considérables, ou qu'ils n'ont fait dans les deserts
que des recherches inutiles : ils lui persua-
dent aussi qu'en temporisant, on force les

maîtres de devenir plus traitables , et de vendre enfin leurs esclaves à un prix plus modéré. Souvent l'empereur, impatient de faire exécuter promptement ses volontés, choisit d'autres émissaires; mais ces nouveaux agens , dirigés par le même intérêt qui animoit les premiers, tiennent la même conduite , et les esclaves restent toujours dans la servitude.

C'est ce qui faisoit craindre à M. Mure que notre délivrance ne fût trop tardive, si le soin n'en étoit abandonné qu'aux agens infidèles de l'empereur. Les peines qu'avoit essuyées, dans une circonstance pareille, M. Chenier, consul de France dans cette partie de l'Afrique, les défenses impérieuses du prince , la crainte des châtimens rigoureux qu'il prononce presque toujours contre ceux qui les violent, rien ne pouvoit diminuer l'activité de son zèle. Semblable à un père tendre qui se sacrifie pour le bonheur de ses enfans , ce généreux François exposoit son rang, sa fortune et sa vie , pour tirer de la misère ses malheureux compatriotes.

MM. Cabannes et Despars, négocians à

Mogodor, avoient secondé ses vues bien-
faisantes ; ils avoient député un Maure
nommé *Bentard*, qui leur étoit affidé, et
qui arriva bientôt à Glimy.

Le 7 avril 1784, il convint avec mes maîtres du prix de ma rançon, la leur paya
sur-le-champ, alla aussitôt dans les campagnes voisines, où il racheta cinq autres
François, et les amena à Glimy, d'où nous
partîmes ensemble le 11 du même mois d'a-
vril pour nous rendre à Mogodor.

Craignant d'être attaqués par les Maures
rebelles, s'ils avoient été instruits de notre
départ, notre guide nous fit marcher jusqu'au milieu de la nuit : alors nous nous
écartâmes de notre chemin, et allâmes nous
reposer au pied d'une montagne couverte
d'amandiers sauvages. Nous nous remîmes
en route dès que le jour commença à paroître; et le 21 avril 1784, après dix jours
de marche, nous arrivâmes à Mogodor sans
accident, mais horriblement fatigués.

Aussitôt MM. Cabannes et Despars expé-
dièrent un courrier à M. Mure, pour lui
annoncer notre arrivée; ils nous accueilli-
rent comme des amis, comme des frères;
logemens, nourriture, habillemens, re-

mèdes, tous les soulagemens, tous les secours nous furent offerts avec générosité.

François, Anglois, Hollandois, tous
les Européens établis à Mogodor venoient
chaque jour me visiter ; leurs discours affectueux, leurs soins empressés rendoient
à mon ame son ancienne sérénité ; le souvenir de mes maux ne me paroissoit déja
plus que la légère réminiscence d'un vain
songe.

Le chirurgien du commerce visita mes
plaies ; il n'en trouva aucune dangereuse :
huit jours suffirent pour me mettre en état
de paroître chez les négocians : tous, sans
distinction de nation, me recevoient avec
une affection égale, m'attiroient sans cesse
dans leurs maisons ; j'allois alternativement manger chez chacun d'eux. L'agréable
spectacle de l'union fraternelle qui règne
au milieu de leurs sociétés, étoit toujours
pour moi une nouvelle jouissance ; la diversité de leurs patries ne relâche point les
nœuds de cette union : ils savent allier
leurs intérêts respectifs et ceux de leur nation, avec la concorde et la bonne har-
monie que des chrétiens doivent conserver
parmi eux.

Connoissant les coutumes des pays qu'ils habitent, les mœurs et le caractère des Maures et de leur souverain, ils me donnèrent amicalement tous les avis dont j'avois besoin pour prévenir les disgraces que j'aurois pu essuyer de leur part.

Cependant le Gouverneur de Mogodor à qui ces messieurs nous avoient présentés, avoit informé l'empereur de notre arrivée. Ce prince, furieux de ce que les négocians françois nous avoient arrachés à l'esclavage plutôt que ses propres émissaires, condamna à mort l'Arabe que les François avoient employé pour nous procurer notre liberté ; cet homme instruit du danger auquel il étoit exposé, déroba, par une prompte fuite chez les peuples qui nous avoient dépouillés, sa personne et ses biens aux poursuites de l'empereur.

Les négocians, de leur côté, reçurent les réprimandes les plus sévères ; il leur fut défendu de s'entremettre à l'avenir du rachat d'aucun chrétien, de quelque nation qu'il fût, sous peine d'être brûlés vifs.

Ces lettres, ces résolutions de l'empereur, son autorité qu'il croyoit compromise, tout nous faisoit redouter un avenir aussi

aussi triste que le passé. Huit jours se passèrent dans cette incertitude cruelle sur le
sort qui nous étoit réservé. Nous étions
menacés d'être employés aux travaux publics. Le bruit couroit parmi les Maures
que la France étoit en guerre avec le roi
de Maroc ; les peuples nous regardoient
déja comme ennemis : la crainte des mauvais traitemens nous empêchoit de sortir.
Mais le 15 mai, à onze heures du matin,
le gouverneur ayant reçu de nouveaux
ordres de l'empereur, nous envoya chercher par ses soldats, qu'il chargea aussi
de lui amener les deux Français qui avoient
concouru à notre délivrance, et en présence d'une grande multitude, il leur annonça que l'empereur leur pardonnoit,
ainsi qu'à l'Arabe qui nous avoit achetés ;
il leur remboursa publiquement la somme
qui avoit été payée pour notre rançon,
nous fit le meilleur accueil, et nous permit de nous promener librement dans la
ville.

Dès ce moment, notre liberté fut entière. Comme les Maures respectent ser-
vilement toutes les volontés de leur prince,
qu'ils croient être un descendant du pro-

E

phète, des signes d'amitié, de vénération
même, succédèrent de leur part à ce mépris qu'ils nous témoignoient auparavant.

Nous passâmes un mois dans cette situation : nous attendions impatiemment
des nouvelles du reste de l'équipage, que
nous savions être dispersé dans les montagnes ; le gouverneur nous avoit annoncé
que nous ne retournerions pas dans notre
patrie avant l'arrivée des autres Français.

Les capitaines Dupuis de Nantes, et
Audibert de Marseille, étoient restés jusqu'à ce que tous furent réunis ; telles
étoient les intentions de l'empereur ; il
venoit d'expédier de nouveaux ordres à
un prince de ses fils, gouverneur de Téroudant, pour rassembler par force ou
par argent le reste de l'équipage.

Ce prince se mit aussitôt en marche ;
les Arabes rebelles en furent instruits ; ils
mirent leur proie en sûreté sous la protection de Sidy Mohamet Moussa, le plus
grand saint du canton. Huit furent conduits dans la demeure de cet homme ;
deux restèrent à Weldenum chez un prince
du sang royal, dans la maison duquel la
loi défend d'entrer ; les trois autres étoient

au pouvoir de Sidy Mouley Abdramet, l'un
des fils du roi, rebelle à son père.

Le gouverneur de Téroudant n'ayant pas
réussi dans son expédition, voulut exécuter les ordres de l'empereur à prix d'argent; il fit donc proposer le rachat de ces
captifs à chaque possesseur ; ils les mirent
à trop haut prix. De-là il se rendit chez
son frère, mit tout en œuvre pour obtenir
de lui les trois Français qui étoient tombés
entre ses mains ; mais ce prince refusa obs-
tinément de les rendre et de les vendre,
annonça qu'il auroit soin d'eux, et qu'à
la mort de son père il les renverroit dans
leur patrie.

L'empereur, voyant combien étoit difficile la réunion des Français de notre
équipage, donna ordre aussitôt au gouverneur de Mogodor de nous envoyer à Maroc. Nous prîmes congé de tous les négocians qui nous avoient comblés de bienfaits,
et nous les quittâmes le 15 juin, pleins du
souvenir de leur attachement.

Le gouverneur nous avoit donné à chacun
une mule; il voulut nous voir à notre départ,
et nous remit sous la garde des soldats de
l'empereur. Nous marchâmes à petites jour-

nées ; la chaleur étoit excessive , la casile étoit nombreuse, elle conduisoit avec nous la caisse de la douane de Mogodor. Le premier jour deux chameaux périrent, étouffés par la chaleur.

On se remit en marche le lendemain un peu avant le jour , et l'on fut contraint de s'arrêter sur les neuf heures ; malgré ces précautions, la chaleur fit encore périr cette journée un Juif et une Juive.

Je souffrois excessivement ; plusieurs fois je perdis la respiration , je tombai de ma mule. Les Maures prenoient le plus grand soin de nous ; l'alcaïde, auquel on nous avoit remis, craignoit qu'il ne nous arrivât quelque malheur ; il y alloit de sa tête ; enfin nous arrivâmes à Maroc , exténués et affoiblis , le 20 du même mois.

L'empereur étoit sorti le matin, à la tête de douze mille Maures, pour réduire les rebelles du mont Atlas ; en attendant son retour, on nous mit au couvent de la mission espagnole , où nous trouvâmes un matelot de notre équipage qui y avoit été amené.

Le 28 juin , l'empereur, de retour de son expédition , nous fit appeller ; il exerçoit ses troupes lorsque nous arrivâmes à son missoire : à l'instant il nous donna audience et parut sensible à nos malheurs.

On nous l'avoit représenté comme un homme dur, absolu, inhumain, inexorable, que les supplications mêmes irritoient ; nous osâmes cependant le prier de nous rendre à nos familles ; il sourit de notre hardiesse, et quoique sa première intention fût que nous attendissions le reste de l'équipage, il fut si touché de l'état pitoyable dans lequel nous nous présentâmes, qu'il nous promit de nous renvoyer bientôt en France.

Le lendemain un des grands de l'empire nous apporta, de la part de l'empereur, une petite gratification en espèces.

Enfin le 5 juillet, appellés de nouveau, l'empereur nous remit entre les mains d'un bacha, lui ordonnant de prendre soin de nous, et de nous conduire à notre consul.

Nous partîmes le même jour de Maroc, escortés par dix soldats et un cavalier ; nous joignîmes au sortir de la ville une petite armée de Maures qui devoit parcourir toute la Barbarie ; elle étoit commandée par le bacha auquel l'empereur

E 3

nous avoit confiés ; la chaleur ne nous
incommoda que foiblement dans cette
route.

Le bacha avoit pour nous les plus grandes attentions ; nous marchions toujours
au milieu de l'armée avec une escorte par-
ticulière : si quelques-unes de nos mules
se trouvoient fatiguées, on les changeoit
sur l'instant ; notre tente, au moment de
notre arrivée, se trouvoit toujours prête ;
on nous fournissoit des alimens en abondance.

La première ville que nous rencontrâmes
fut Azimor, placée sur une éminence ;
environnés de notre garde, nous eûmes le
spectacle agréable de plusieurs jeux mau-
resques. Les habitans d'Azimor qui, sous
les armes, attendoient l'armée impériale,
la conduisirent jusqu'au lieu où elle devoit camper, et là, s'exerçant à la course
des chevaux, ils montrèrent leur adresse
à se servir des armes à feu. Pendant ce
tems on préparoit dans la ville les nourritures nécessaires pour toute l'armée :
on les apporta, deux heures après, sur des
brancards.

Le gouverneur de la place, après avoir

rendu au bacha les honneurs dus à sa dignité, vint nous visiter dans notre tente, nous félicita d'avoir trouvé grace auprès de l'empereur, et nous envoya peu après des rafraîchissemens.

Nous restâmes deux jours dans cet endroit ; le troisième nous traversâmes la rivière, d'où nous nous mîmes en route pour Darsbedda.

Cette ville, si fameuse sous l'ancien règne, n'offre plus qu'un monceau de ruines ; nous continuâmes notre route par Fædal et Montforia, et arrivâmes enfin à Rebate, après seize jours de marche.

L'armée étoit accrue de moitié ; on avoit fait de petites journées, à cause de la chaleur et du carême. Le général, après avoir placé son camp et puni de sa main les Arabes qui avoient violé les règles rigoureuses du carême, nous présenta au gouverneur de la place ; celui-ci nous remit aussitôt entre les mains de notre vice-consul.

M. Mure, qui avoit appris notre départ de Maroc, nous attendoit de jour en jour ; la lenteur de notre voyage l'avoit beaucoup inquiété ; il savoit que nous étions

E 4

partis le 5 , que huit jours suffisent pour
faire cette route : il craignoit quelque
fâcheux contretems : ses alarmes étoient
d'autant mieux fondées , qu'en suivant le
chemin ordinaire, nous devions passer dans
une province dont les habitans venoient de
se soulever.

Je ne puis assez exprimer quelle fut sa
joie lorsqu'il apprit notre arrivée. La manière dont l'empereur s'étoit conduit avec
nous lui faisoit espérer de voir bientôt arriver le reste de notre malheureux équipage.

L'accueil qu'il me fit , les honnêtetés
qu'il me témoigna , les bontés dont il me
combla , les soins qu'il prit de pourvoir à
mes besoins et à ceux des autres François ,
surpassent tout ce que je pourrois en dire.
Ses attentions se portoient sur tout : l'activité de sa bienfaisance étoit encore au-
dessus de l'idée avantageuse que je m'en
étois formée.

Nous restâmes quatre jours dans sa maison ; la crainte de quelques nouveaux ordres de l'empereur lui fit hâter notre départ pour Tanger ; il donna ses soins pour
nous faire préparer les objets nécessaires

pour la route , et le dimanche 25 du même mois , nous prîmes congé de lui, le cœur pénétré de reconnoissance.

Nous passâmes la rivière de Salé ; le lendemain nous remontâmes dans les terres et traversâmes une forêt remplie de bêtes féroces , de tigres et de lions ; on les voyoit par troupeaux ; ils étoient sur - tout très-nombreux sur les bords d'une rivière qui va se décharger dans la mer , à côté de Mamor. Nous la traversâmes cependant devant eux avec sûreté ; on les voyoit se retirer à petits pas, à mesure que nous approchions. Je n'aurois pas été tranquille sans la noble assurance des Arabes , que la présence de ces animaux féroces n'inquiétoit pas plus que celle des animaux les plus domestiques.

Notre voyage fut de sept jours ; trois mules périrent de chaleur : le désir de revoir notre patrie, la crainte d'être arrêtés par quelques nouveaux ordres de l'empereur , nous fit accélérer notre marche ; nous arrivâmes à Tanger le 31 juillet.

M. Salmon, consul d'Espagne, résidant dans cette ville, nous attendoit : il avoit arrêté une barque pour Cadix ; nous nous

y embarquâmes le dimanche premier août,
sur les sept heures du soir ; le lendemain,
sur les huit heures du matin, nous fûmes
dans la baye de Cadix.

La Santé vint aussitôt nous parlementer ;
elle nous mit en quarantaine, et nous envoya au Lazaret, près de l'île de Léon.

Nous fûmes trois jours dans notre barque
sans pouvoir mettre pied à terre ; nous
n'avions pas de place pour nous coucher :
la malpropreté des poules dont la barque
étoit chargée nous infectoit, nous avions
tout à craindre si quelqu'un de nous tom-
boit malade.

Enfin, le 5 août, à dix heures du soir,
on nous permit de descendre ; nous quittâmes aussitôt notre barque, et fûmes nous
reposer dans une espèce de grange.

Une ancienne plaie que le mouvement
des mules avoit encore ulcérée, m'incom-
modoit extrêmement. Je ne pouvois dans
ce lieu, si mal nommé *maison de santé*,
me procurer les secours nécessaires ; j'é-
tois pâle et défiguré : les autres passagers,
voyant ma situation, sembloient me reprocher leur séjour dans ce lieu.

Le onze, sur les dix heures du matin,

j'apperçus le canot de santé : je pris la meil-
leure contenance qu'il me fut possible;
les médecins, trompés par ma gaieté appa-
rente, me jugèrent bien portant, et nous
donnèrent la liberté.

Tous à l'envi, nos matelots, et ceux
de la barque, s'empressèrent de la charger;
demi-heure après nous partîmes pour
Cadix ; nous nous présentâmes le même
soir à M. Poirel, vice-consul de France.

L'embarras des affaires multipliées qui
l'environnent, ne l'empêcha point de travailler à notre soulagement. Persuadé que
des malheureux qui sortent de l'esclavage
ont plus de droit que tous autres aux bienfaits du roi, il les répandit sur nous avec
libéralité.

L'intérêt qu'il prit à mes peines passées,
et à ma situation présente, ne peut assez
s'exprimer. Touché de la plus vive commisération, il montra le zèle le plus ardent
pour mettre fin à mes maux ; il m'envoya
son chirurgien, et fit tous ses efforts pour
rétablir ma santé, qu'une suite continuelle
de huit mois de fatigues et de peines n'a-
voient que trop altérée.

Enfin, les mêmes secours que nous

avions reçus de M. Mure, vice-consul en Barbarie, nous les reçûmes à Cadix des mains de M. Poirel.

Avant de quitter Cadix, où je demeurai trente-hui jours, pour réparer mes forces, je fus encore alarmé par de nouvelles inquiétudes, qui heureusement ne m'agitèrent pas long-tems. Ma vue se troubla, s'épaissit : je cessai d'appercevoir les objets qui m'environnoient. Je devins aussi aveugle que je l'avois été pendant trente-cinq heures, dans le desert de Sahara, lorsque, pour me punir d'un accident que je n'avois pu ni prévoir, ni empêcher, de la perte de trois chevreaux dévorés par un tigre, dont j'aurois été la proie, sans une fuite précipitée, mon brutal et barbare maître me rendit victime de sa rage effrénée, et me laissa sans mouvement, attaché au pied d'un poteau, où sanglant, déchiré, couvert de plaies, je restai exposé jusqu'au commencement de l'aurore à une rosée pénétrante, qui, dans cette contrée, est aussi froide pendant la nuit, que le soleil y est brûlant pendant le jour. Mais la cécité nouvelle que j'éprouvai à Cadix, ne dura que cinq heures : le voile

épais qui étoit tombé sur mes yeux affoiblis se leva insensiblement : je revis la lu-
mière, après avoir craint, pour la seconde
fois, d'en être privé jusqu'à la fin de ma
vie.

Trop impatient de revenir en France,
pour attendre que ma santé languissante
fût entièrement rétablie, je m'embarquai
le 17 septembre sur un bâtiment commandé par le capitaine Poutrel. Après
une navigation périlleuse, nous arrivâmes
à Marseille le 5 octobre. On nous fit subir
douze jours de quarantaine ; nous ne pûmes
descendre à terre que le 16 du même
mois.

De quelle hilarité vive, de quelle émo-
tion douce je fus saisi, en entrant sur les
terres de France ! Mon cœur prenoit une
nouvelle vie. Il s'épanouissoit pour ainsi
dire ; il suffisoit à peine pour recevoir les
impressions agréables et variées qui venoient le ranimer ; la joie s'emparoit de
tout mon être. Il est donc vrai, me di-
sois-je à moi-même, que la fin de tes maux
n'est plus incertaine. La paix, la tranquillité, le bonheur vont renaître pour toi.
La fortune a cessé de te persécuter : elle

te ramène dans le sein de ta patrie ; tu pourras encore te dévouer au service du meilleur des souverains. Tu vas te rapprocher d'une famille chérie, dont tu te croyois pour jamais séparé: tu vas revoir des amis qui avoient pleuré ta perte.

C'est à Paris qu'ils m'attendoient ; c'est à Paris que je devois recevoir leurs embrassemens : j'y suis arrivé le 11 novembre. Que cette journée a été délicieuse pour moi ! Que le souvenir en est cher à ma mémoire ! De quel attendrissement je fus pénétré quand je vis rassemblés autour de moi, tous ceux qui avoient gémi sur mon absence ! Avec quel transport je me précipitai aux pieds de la plus respectable des mères ! Quelle volupté pure je goûtai quand elle me serra étroitement contre son sein maternel, quand je sentis couler sur mon visage les larmes que la joie lui faisoit répandre, et qui se mêloient avec les miennes. L'amitié, la tendresse filiale, une foule de sentimens divers se succédoient, se pressoient, se confondoient dans mon ame, la subjuguoient, l'absorboient toute entière. Jamais, non jamais il n'y eut d'instant si beau dans ma vie ;

il a réparé tous les malheurs qui l'avoient précédé : j'ai plus joui dans ce moment trop court, trop rapide, que je n'avois souffert pendant toute la durée de mon esclavage.

Fin de la première Partie.

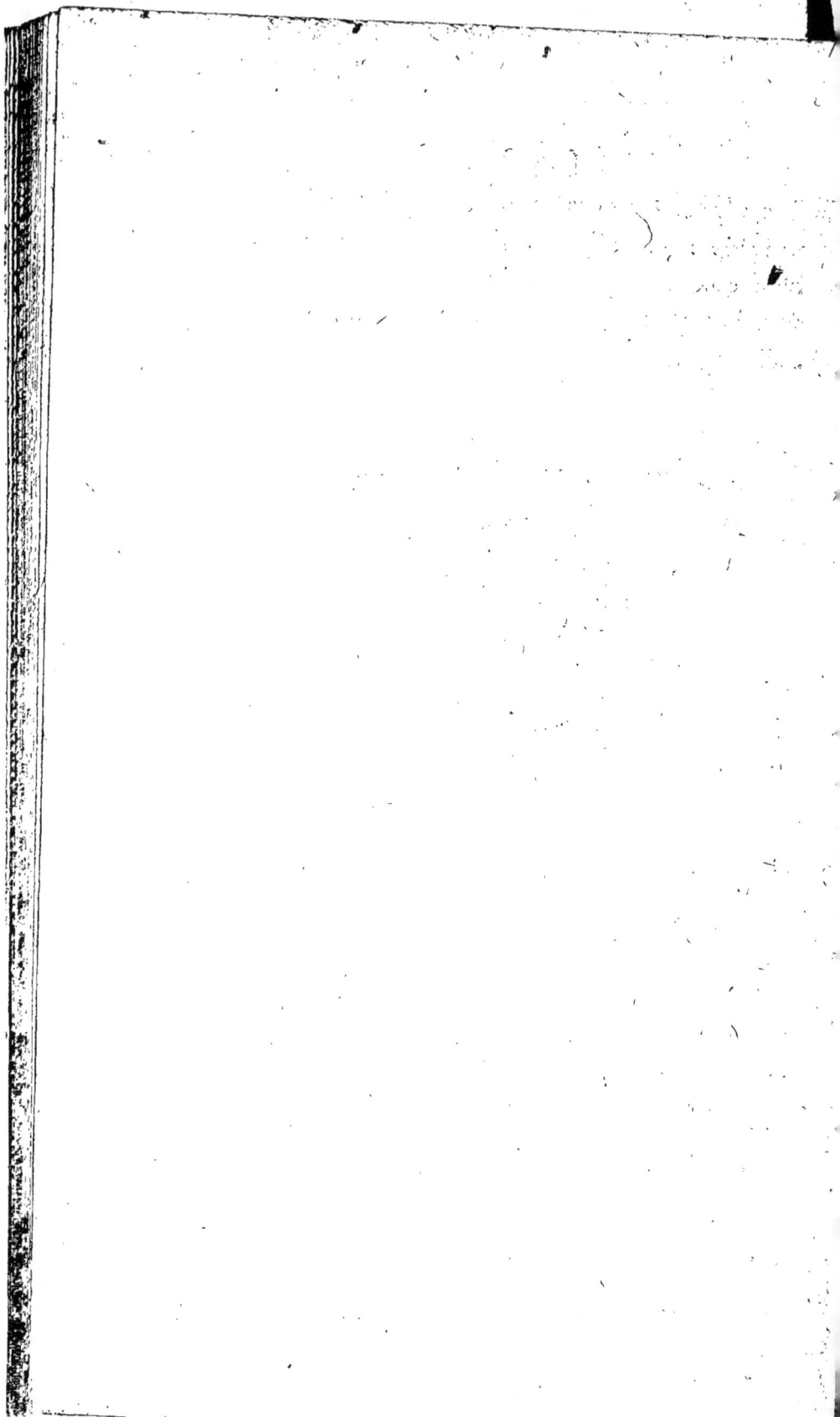

SECONDE PARTIE.

Précis exact des mœurs, des usages et des opinions des habitans du Sahara.

Les peuples qui habitent les pays de la Barbarie, jusqu'au Niger, sont un assemblage de diverses nations : les Maures occupent les trois royaumes de Suz, Fez et Maroc ; ils sont les plus puissans et les plus connus de ces peuples. Le Biledulgérid, dans la partie que baigne l'océan atlantique, c'est-à-dire, depuis dix lieues sud de Sainte-Croix de Barbarie, jusques près du cap Bojador, est habité par des Arabes connus sous le nom de Mosselemis, et de Maures fugitifs rebelles à l'empereur de Maroc, trop éclairés pour rester sous la domination d'un pareil tyran.

Le Sahara, jusqu'au Niger, renferme divers peuples qui tirent leur origine des Arabes, des Maures et des Portugais qui s'y réfugièrent lorsque la famille des chérifs s'empara des trois royaumes de Bar-

F

barie. Tous ces peuples portent indistinctement le nom de Narts. Ceux du Sahara sont subdivisés et connus sous ceux de Mougeares, Trasarts et Bracnarts.

Je ne parlerai ni des Trasarts, ni des Bracnarts, plus connus d'ailleurs par les relations qu'ils ont avec les négocians françois qui font, depuis long-tems, le commerce à Portendie, et le long du Niger.

Le terme de Mougeare est une dénomination de mépris chez les peuples voisins, sans doute parce que ceux qui le portent, plus pauvres et moins faits aux armes que leurs voisins qui sont tous guerriers et pasteurs, sont exposés aux incursions de ces barbares, sur-tout dans le tems de la crue des eaux, où ils sont obligés d'abandonner leur pays pour se réfugier sur les montagnes limitrophes. On peut encore attribuer le mépris attaché à ce nom, à un autre motif plus puissant, c'est celui de la religion. Lorsque les chérifs s'emparèrent des trois royaumes, les Portugais qui étoient dans les villes les évacuèrent, et se réfugièrent dans leur patrie. Mais le peuple de la campagne n'eut point cet avantage ; la plupart, fait captif, renonça à la reli-

gion des ses pères, et fut, par ce change-
ment, maintenu dans le pays : ceux qui
n'abjurèrent point, furent impitoyable-
ment égorgés ; mais, malgré cette abjura-
tion, les Maures se ressouvinrent toujours
que ces gens avoient été chrétiens ; ils les
employoient aux ouvrages les plus durs,
les accabloient d'insultes, pilloient leurs
biens, enlevoient leurs femmes, violoient
leurs filles, et se portoient aux extrémités
les plus grandes.

Pour se soustraire à la tyrannie, ces
peuples se réfugièrent dans le Sahara, où
trouvant quelques hordes d'Arabes errans
et peu industrieux, ils s'allièrent avec eux
et ne formèrent, par suite, qu'une seule
et même nation.

Quoique la stérilité du sol et la chaleur
insupportable du pays leur servent en quelque sorte de barrière, ils sont cependant
exposés au pillage par leurs voisins.

Il n'est pas possible qu'un peuple toujours errant, toujours fugitif, composé de
l'assemblage de diverses nations, qui ne
forme pas même un corps bien établi, dis-
tinct et séparé, n'ait adopté une partie
des usages et des superstitions de ses voi-

sins. Leur religion n'est point le pur mahométisme ; c'est plutôt un assemblage de
diverses erreurs grossières : on peut dire,
avec vérité, que la religion naturelle est
en vigueur parmi eux plus que par-tout
ailleurs.

Ils font la prière trois fois le jour, quelquefois plus souvent, toujours tournés du
côté du levant ; elle ne se fait publiquement que lorsqu'il y a dans la horde un
prêtre mahométan ; cet homme chante à
haute voix la prière que le crieur public
entonne sur les mosquées, et c'est en quoi
consiste le plus grand acte de leur religion.

Différens des autres Arabes, leurs voisins, ils n'inquiètent personne pour la religion : c'est peut-être ce qui fait croire
que ce peuple n'en a point. La seule qui
ne soit pas tolérée chez eux, est la juive.
On ne voit point de gens de cette secte
parmi eux. Si un juif avoit le malheur de
s'engager sur leurs terres, il seroit infailliblement brûlé vif. Ils sont faciles à reconnoître par leur habillement qui est très-
différent de celui des Maures.

L'hospitalité est un point principal de la

loi qu'ils exercent dans toute son étendue.
Aussitôt qu'un étranger arrive devant les
tentes, la première personne qui l'apper-
çoit lui indique celle qui doit le recevoir ;
si le maître n'y est point, la femme, les
esclaves vont à sa rencontre et le font arrêter à vingt pas de distance ; là, on lui
apporte une portion de lait pour se rafraî-
chir, ensuite on décharge ses chameaux,
on met près de lui ses effets en sûreté, on
lui donne une natte pour se coucher, et
de quoi se couvrir pendant son sommeil,
chose dont le plus souvent on se prive pour
lui. Ses armes sont apportées dans la tente
près de celle du maître, pour les garantir
du serein.

Sur le soir on lui apporte la nourriture
qu'on a préparée pour lui à la case ; s'il
n'y en a point, ce qui arrive très-souvent,
on court chez les voisins ; car jamais l'é-
tranger ne manque, tout le monde se pri-
vant pour fournir à ses besoins. Il est pourtant vrai de dire que la tente du chef est
ordinairement celle qui paye, mais toutes
les autres contribuent à cette dépense en
lui fournissant par semaine, comme une
sorte de redevance, deux livres d'orge

F 3

moulu ; par ce moyen, ce chef est ample-
ment dédommagé de ce qu'il donne aux
étrangers.

Comme c'est ordinairement le plus riche
en bestiaux qui est le chef, il a toujours
suffisamment de lait pour la boisson ; s'il
en manque, il en trouve dans les tentes
qui l'environnent.

Les prêtres courent le pays et instruisent
les enfans ; cette éducation n'est point une
éducation forcée ; on ignore chez eux la
coutume de contraindre la nature ; les petits garçons s'assemblent d'eux-mêmes le
matin aux lieux d'instruction ; c'est pour
eux un moment de récréation : ils ont une
petite planche sur laquelle le prêtre écrit
des caractères arabes, et quelques maximes de l'alcoran. Les plus grands et les
plus instruits reçoivent directement leurs
leçons de ces prêtres ; ils les communi-
quent ensuite à leurs compatriotes, et de
cette manière ils se montrent à lire les uns
aux autres. Jamais on ne les corrige ; ce
seroit un crime de battre un enfant qui,
suivant l'opinion, n'est point capable de
distinguer le bien du mal : la condescen-
dance qu'on a pour les enfans, la pleine

liberté qu'on leur laisse de faire leur volonté, est la même pour ceux qui ont le malheur d'être désavantagés de la nature, tels que les fous, les muets et les sourds; ils sont considérés comme des êtres trop malheureux par leur état, pour ne pas se rendre esclave de leurs volontés.

Cette coutume est la même chez tous les Mahométans; elle tient à la loi. La seule différence qu'il y ait, sur ce point, entre les Mougeares et les peuples plus civilisés, n'existe que sur l'âge auquel les enfans peuvent être sujets à la correction ; elle n'a jamais lieu dans le Sahara. L'exemple et la nature abandonnée à elle-même, créent toutes les opinions du peuple qui l'habite.

Si l'enfant s'ennuie de ces sortes d'exercices, il les quitte à volonté, et vient s'occuper à la garde des troupeaux de son père; ce qui fait que très-peu savent lire. Ceux qui persévèrent dans l'étude de l'alcoran, deviennent prêtres après avoir subi les épreuves ; ceux-ci n'ont pas besoin de bestiaux ; ils sont reçus et respectés d'un chacun, et trouvent par-tout leur subsistance.

C'est ordinairement à l'âge de sept ans

F 4

que l'on fait subir aux enfans la doulou-
reuse opération de la circoncision : à cette
même époque, on leur rase aussi la tête,
sur laquelle on ne laisse que quatre petits
toupets qu'on abat à chaque action remar-
quable que l'enfant fait. Si, à l'âge de
douze à treize ans, il tue un sanglier, ou
toute autre bête féroce qui se seroit jetée
sur un troupeau, on lui coupe un toupet ;
si, dans le passage d'une rivière, il sauve
un chameau qui se seroit laissé entraîner
par le courant, on lui en coupe un second ; s'il tue un lion, ou un tigre, ou un
homme de nation ennemie, dans une surprise ou dans une attaque, on le consi-
dère comme homme. On lui rase entièrement la tête, et alors il peut se mettre à
son particulier. Ces sortes d'opérations ne
se font que dans l'assemblée de la famille,
et c'est toujours le chef de la horde qui en
est chargé. Rarement ils parviennent à
l'âge de vingt ans sans avoir l'ambition
de passer pour hommes ; ils ont honte d'être
toujours regardés comme enfans, et cela
fait qu'ils s'exposent aux plus grands dangers pour mériter l'honneur d'être tondus
en entier.

Le respect de la nation pour les vieillards n'est pas moins grand que celui qu'ils
portent aux interprètes de la loi. Tous
sont également considérés, n'importe à
quelle horde ils appartiennent et quelle
que soit leur fortune; la considération est
si grande, que s'il arrive contestation
entr'eux, les parties viennent discuter
leurs causes devant eux; le chef de la horde
est toujours le juge-né de ces différends;
mais comme souvent il est jeune, ou qu'il
en est lui-même l'auteur, alors les vieillards décident; le jugement est sans appel,
et le condamné subit, sur-le-champ, la
punition méritée. Ils ne jugent cependant
que des causes subalternes ; car, s'il falloit
qu'il y eût une des deux parties mise à
mort, ils ne se permettroient pas de prononcer définitivement. Alors, les chefs
des différentes hordes s'assemblent ; ils
admettent les vieillards à leur conseil ; ils
jugent, et la sentence est aussitôt exé-
cutée.

On doit convenir que ces sortes d'affaires sont rares ; car le vol n'est puni
que de restitution, souvent même il est to-
léré.

Si un Mougeare en vole un autre de sa famille, et qu'il soit surpris en volant, il est puni de coups de bâton, et obligé à restitution; si on ne le voit pas, il n'a aucune punition, quand même on le connoîtroit pour l'auteur du vol.

De jour, le vol est un crime; la nuit, il est permis; ce qui fait que les femmes et les enfans ont le plus grand soin de mettre dans la tente tous les objets qui peuvent être enlevés.

Si un voisin ou un ami vient les voir, ils l'environnent et examinent tous ses mouvemens; la difficulté de voler sans être vu, le peu de chose d'ailleurs qu'il y a à prendre, fait que ceux qui ont ce dessein ne l'effectuent pas aisément.

Si un particulier a tué quelqu'un, et que les parens du mort le poursuivent pour lui faire subir le même sort, il l'évite en se réfugiant dans la tente de celui qu'il a tué; alors ceux qui sont les plus acharnés à sa perte n'osent l'attaquer, en sorte qu'il a le tems de discuter sa cause, et trouve communément le moyen de se faire juger à son avantage. S'il se réfugie dans la tente d'un autre particulier, on le poursuit ; mais dans ce cas , il a ses hôtes pour défenseurs , et il trouve , par ce moyen , la facilité d'échapper encore au ressentiment de ceux qu'il a offensés.

Accoutumés à vivre de laitage et de grains qu'ils tirent de chez les peuples voisins , ces peuples sont tout entiers occupés de leurs bestiaux ; ils ne cultivent aucun canton , quoique dans le désert on rencontre souvent des plaines superbes , qui cultivées produiroient les choses nécessaires à la vie. Mais ils sont si sobres et si paresseux , qu'ils ne s'occupent que du présent , à tel point que l'on ne prépare jamais d'avance plus de nourriture qu'il n'en faut pour le repas ; quand on a faim , on y pense ; souvent il en manque , et alors on est obligé de se contenter de laitage qui heureusement ne manque jamais.

Pendant que les femmes sont dans les tentes occupées à travailler ou à s'amuser , les enfans , revenus de l'instruction , et les nègres captifs , conduisent paître les troupeaux ; ils y vont ordinairement sur les neuf à dix heures du matin , et ne reviennent que le soir : les enfans ont soin , avant de partir , de prendre quelque nourriture ; les femmes seroient battues, si elles n'avoient point l'attention de leur en réserver.

Pour les nègres, ils partent à jeun ; il est vrai que quelque sauvage que soit le pays, on y trouve toujours des truffes, de petits fruits rouges, des racines et des herbes sauvages qu'ils mangent sans répugnance.

Les hommes vont aux assemblées et aux marchés publics, pour se procurer ce qui est nécessaire à leur ménage ; ils vont aussi à la chasse. Celle qu'ils aiment le mieux est celle de l'autruche, parce qu'elle leur est plus profitable. Il faut des chevaux pour la faire : il n'y a que les cavaliers qui puissent la tenter. Ils s'assemblent dix ou douze, plus ou moins. Ils se portent contre le vent, à distance environ d'un quart de lieue les uns des autres : quand ils apperçoivent l'animal, ils le pressent ; l'autruche ne pouvant faire usage de ses aîles contre le vent, retourne précipitamment sur ses pas et évite facilement le premier cavalier ; si son agilité la sauve du second, du troisième, il lui est difficile d'échapper aux autres. On se sert, pour l'abattre, d'un bâton de deux pieds de long, qu'on lui jette, avec adresse, sur le cou; alors, ils s'empressent de la tuer, partagent leur prise, et se retirent chacun chez eux, où ils ne manquent pas de se régaler, avec leurs familles, du fruit de la chasse. Les plumes sont conservées avec soin; elles se vendent avec avantage dans les marchés ou en rivière du Sénégal.

Jamais il n'y a de dispute pour les partages: lorsqu'ils ont fait quelque butin, soit sur l'ennemi, soit à la chasse, soit dans le commerce, ou qu'ils se sont cotisés ensemble pour quelques acquisitions, ils font autant de parts qu'il y a de prétendans au partage; alors chacun met un effet qui lui est propre, dans le coin d'un panier, comme une pipe, un petit couteau, etc.; ils les remuent tous ensemble, et la première personne venue les tire, les uns après les autres, du panier; et en met un sur chaque part; alors chacun prend la part sur laquelle son effet se trouve placé. Cette manière simple de partager, leur fait éviter toute occasion de dispute.

Leurs habillemens sont très-simples;

beaucoup n'en...
plus brillante...
se vêtir, pour l'or...
chemise de guinée...
très foncé. Quand il...
cuter des guinées, ils...
ils ont de plus un...
de couverture de laine...
demie à cinq aunes de long...
quart de large, ...
fait de poils de chèvre; ...
vent qu'en campagne, pour se...
la pluie et du serein. Ils s'en...
tête, d'un morceau de toile...
en forme de turban ...

Comme ils n'ont point ...
eux, ils se procurent...
par caravane dans le Bilad...
chez les Trasarts, peuple ...
qui occupe la rive ... du Niger...
nent en échange des bestiaux ...
de chameaux, des plumes d'autruche...
Ceux qui n'ont que de...
subsistance, se passent de...
y suppléent par le moyen des...
chèvres qu'ils cousent ensemble ...
leur servent également ...

la rigueur des saisons ; ils portent toujours suspendu à leurs côtés, un petit sac de cuir, dans lequel ils mettent l'argent, l'amadoue, la pipe, le briquet et le tabac. Ils ont de superbes poignards, le manche toujours noir et garni d'ivoire, la gaine en cuivre d'un côté, et en argent de l'autre, et le tout très-élégamment travaillé.

Les cavaliers portent des sabres, quand ils peuvent s'en procurer : ceux à l'espagnole sont les préférés. Leurs fusils sont toujours bien ornés et bien entretenus ; la crosse en est très-mince et garnie d'ivoire de tous côtés, le canon est couvert de lames de cuivre ou d'argent, suivant la richesse du particulier. Leurs poignards ont la forme d'un couteau flamand, la gaine est de cuir ; ils s'arment aussi d'un bâton, à l'extrémité duquel ils mettent une espèce de coin de fer ; cette arme est des plus meurtrières ; d'autres ont des zagaies qui ont la forme d'une hallebarde ; enfin, la première richesse d'un particulier est d'avoir un beau fusil et un beau poignard ; ils les préfèrent aux habillemens, et ce sont leurs premières pièces de ménage.

les fusils sont toujours enfermés dans des
sacs de peau faits exprès, pour les garantir
de la rouille et les tenir en état.

Comme ils sont tous pasteurs, et toujours errans, ils ne connoissent aucun
métier, excepté celui de faire leurs tentes ;
il y a parmi eux des ouvriers courans qui
suppléent au peu d'industrie de la nation.
Ces ouvriers sont maréchaux, serruriers
ou orfèvres ; ils sortent du Biledulgérid,
et se répandent dans le Sahara par-tout où
il y a des cases ; ils y trouvent toujours de
l'ouvrage ; ils sont nourris pendant leur
séjour, et reçoivent le payement de leurs
travaux : ils font les bijoux des femmes,
tels que les boucles d'oreille, attaches et
manilles ; ils raccommodent les plateaux
en y mettant des attaches, et remettent
les armes en état; on les paye ordinairement en peaux ou poils de chameaux et
de chèvres, ou en argent; ce dernier n'a
point cours parmi ce peuple, ce qui est
cause qu'on ne l'emploie qu'en bijoux pour
les femmes. Les ouvriers ont pour salaire
de leurs travaux le dixième pesant de ces
matières. Rendus dans leur patrie, ils vendent leurs bestiaux et autres objets: il leur
faut,

faut, tout au plus, cinq à six voyages pour
pouvoir vivre d'une manière aisée, sans
sortir de leur pays.

Chaque famille a son chef, qui est ordinairement l'aîné; elles sont plus ou moins
nombreuses ; on en voit qui ont cent vingt
à cent cinquante ménages. Alors elles se
subdivisent et forment deux corps différens ; le chef, qui porte le nom de Reï,
est celui qui a soin de tous les bestiaux,
du campement, et qui, de concert avec
les vieillards, juge les différends.

Si toute la famille ne peut pas camper
dans le même lieu, le chef désigne divers
endroits pour poser les tentes, et les familles se séparent; les plus près parens
sont toujours ensemble, et les aînés deviennent chefs de ces divisions. Quelquefois
on ne rencontre que dix à douze tentes
réunies en un même lieu; quelquefois aussi,
mais rarement, elles ne sont que trois à
trois, ce qui ne se voit que dans la partie
du désert où se trouvent les sables volans.

Le chef général choisit l'endroit le plus
propre pour camper, et quand le terrein
n'a plus de pâturages suffisans pour la

nourriture des bestiaux, il va chercher un autre endroit ; sa tente est toujours placée au milieu des autres , elle est ordinairement plus grande et plus élevée. Quand les tentes sont séparées, il se place toujours au centre.

Dans les déménagemens, les femmes font toute la besogne ; ce sont elles qui , le matin , plient les tentes et chargent les chameaux : cela est d'autant plus juste, qu'il faut, pour le bon ordre et la sûreté de leurs propriétés, que tandis que les esclaves nègres sont à la conduite des bestiaux, les hommes se répandent dans la campagne pour assurer la route : les uns sont en avant et en observation ; d'autres accompagnent les troupeaux et les bagages ; les derniers ferment la marche ; et, s'il s'échappe une brebis , une chèvre ou un chameau , ils le rencontrent toujours , et le ramènent aux tentes , où il est rendu à son maître.

On n'est ordinairement que trois ou quatre en marche. Il arrive quelquefois que l'endroit où l'on campe n'a pas été bien reconnu, et que quelque-tems avant il y avoit campé d'autres familles ; alors les pâturages n'étant pas suffisans, on se trouve

forcé de se remettre en route, et de chercher un meilleur camp : les mêmes mouvemens sont aussi nécessaires dans les saisons où les eaux commencent à manquer :
comme il n'y en a presque point dans le
Sahara, les habitans ont le plus grand soin
de faire de grands trous, de côté et d'autres
à la chûte des terreins, pour conserver celles
qui tombent du ciel avec grande abondance
pendant trois mois de l'année. Cette eau,
toute corrompue qu'elle est, sur-tout dans
l'arrière-saison, sert cependant de boisson
aux hommes et aux bestiaux. Il n'y a ni
bœufs ni vaches dans cette partie du désert; la disette d'eau en est sans doute
cause, car les pâturages sont assez abondans.

Leurs troupeaux ne consistent qu'en
moutons, chèvres et chameaux, animaux
qui supportent aisément la soif. Les chevaux sont aussi très-rares. Les plus riches
en bestiaux sont les seuls qui en aient.
On leur donne du lait à boire quand on
n'a point d'eau. L'urine de chameau est
encore une ressource contre la soif ; on
la mélange avec le lait, et malgré que
cette boisson soit des plus désagréables,
on ne laisse pas de s'en servir au besoin.

Chez ce peuple comme chez ses voisins, quand un Arabe va au marché ou qu'il en revient, s'il n'a pas eu le soin de tenir son voyage secret , il est infailliblement attaqué. Ceux qui sont instruits de son voyage veulent profiter de son industrie; pour cet effet , ils l'attendent ordinairement vers l'entrée de la nuit; alors malheur à qui est tué. Ceux qui veulent voler ne cherchent point la mort de celui qu'ils veulent surprendre ; contens de sa dépouille et de ses armes dont ils s'emparent, ils le laissent aller librement rejoindre les cases. Mais le voyageur instruit des coutumes de son pays, est toujours bien armé; il a l'oreille au guet : aux premiers mouvemens de ceux qu'il soupçonne, il fait feu , ensuite le poignard ou le sabre à la main, il se bat avec courage. Le bruit du fusil attire les Arabes voisins répandus dans les plaines ; ils se portent avec leurs armes du côté où ils ont entendu le coup. Alors malheur aux attaquans, s'ils ne se sont point dérobés par une prompte fuite. S'il y a quelqu'un de mort, l'affaire reste ensevelie : jamais les familles ne prennent parti pour ces sortes de rencontres, soit

que l'agresseur ou l'attaqué ait succombé ;
le mort est toujours soupçonné l'agresseur, et la dispute finit par ce moyen.

Pasteur et guerrier est le seul et même
état parmi cette nation. Tout homme dans
le cas de porter les armes est soldat. Il se
nourrit, s'équipe et s'entretient à ses
frais pendant le tems des expéditions. Il
a des chefs auxquels il obéit avec une soumission aveugle ; ces chefs sont ordinairement choisis parmi ceux des familles,
quelquefois parmi ceux qui se sont distin-
gués, et dont la valeur et l'intelligence sont
connues ; l'expédition finie, le chef n'a
plus d'autorité, il rentre dans la classe
des citoyens ; s'il a eu un heureux succès,
il est plus considéré de ses compatriotes.
Mais l'honneur qu'on lui rend est indivi-
duel et n'a aucun rapport avec sa famille : chacun doit payer de sa personne ;
on n'a de considération qu'autant qu'on a
rendu particulièrement des services plus
ou moins grands à sa patrie.

Les guerres sont peu fréquentes ; un
peuple pauvre, peu ambitieux, qui ne se
sert des armes que pour se défendre et se
maintenir dans le plus mauvais pays de la

terre, ne doit certainement pas être exposé; cependant, lorsqu'il est obligé de
se réfugier sur l'Atlas ou les montagnes
voisines, pour éviter les inondations, il
va en corps et marche en ordre. Les captifs et les femmes sont aux troupeaux, les
hommes sous les armes, et les cavaliers à
la découverte : lorsqu'ils apperçoivent
quelque chose, toute la caravane fait halte,
et l'on se dispose au combat. Jamais il
n'est sanglant : si les agresseurs sont les
plus forts, ils se contentent d'enlever les
troupeaux, les bagages et les femmes les
plus jolies; s'ils se croient inférieurs, comme ils sont tous bien montés, ils n'en viennent point aux mains et font une retraite
dans laquelle ils ne sont point inquiétés.

Toutes les nuits on campe, et pour éviter
une surprise, on place des sentinelles dans
les tentes avancées qui crient très-fréquem-
ment pour faire connoître aux leurs qu'ils
font bonne garde : cette méthode est sujette
à bien des inconvéniens ; mais comme leurs
ennemis suivent le même usage, les inconvéniens en sont réciproques, et par ce
moyen, les uns et les autres ont le tems
de se disposer au combat.

Les habitans qui ont le bonheur de revenir de la Mecque, jouissent des plus
grandes prérogatives ; on les regarde
comme les interprètes de la loi ; on leur
donne le nom de Sidy, qui signifie maître.
Leur opinion est suivie dans les conseils ;
ils participent aux commandemens avec les
chefs ; ils n'ont d'autres noms distinctifs
que celui de famille qu'ils ont reçu en
naissant : s'il arrive, ce qui est très-com-
mun, que plusieurs portent le même nom,
on les distingue en ajoutant celui de leurs
pères. Cet usage est généralement reçu
dans toute la Barbarie : l'empereur de
Maroc régnant est lui-même distingué. Le
nom qu'il reçut en naissant est Mohamet ;
mais, comme ce nom est commun avec
celui de bien des personnes de ses états,
on lui a donné celui de Ben-Abdella, qui
veut dire fils d'Abdella. Le Maure qui
m'acheta à Glimy pour me procurer la liberté, se nommoit aussi Mohame ; pour
le distinguer, on le nommoit du nom de
son père Ben-Tahar, c'est-à-dire, fils de
Tahar.

Quand un particulier arrive de la Mecque,
ou qu'on a fait bonne chasse, ou une prise

G 4

avantageuse, on se divertit; cela arrive
aussi lorsque les tentes sont séparées par
partie, pour la plus grande commodité
des bestiaux. Au soleil couché, les hommes et garçons s'asseient sur une colline la plus commode, pour que chacun
soit à portée de son endroit : là, ils s'exercent à différens jeux d'adresse, de force
ou à la danse ; ils ont ordinairement trois
ou quatre nègres qui, avec leur musique
sauvage, excitent leur joie ; ils restent
à ces divertissemens jusques vers minuit;
alors ils se rendent à leurs tentes pour y
prendre du repos. Le vendredi, qui est le
grand jour des prières, ils se divertissent
toute la journée : plusieurs familles s'assemblent; on fait des courses de chevaux
on s'exerce aux armes et l'on fait parade
de son adresse. C'est dans ces sortes d'assemblées qu'on distingue la jeunesse qui
promet le plus. Elle s'attire l'attention de
tout le monde, et dans les occasions, on
choisit les plus expérimentés pour veiller
à la sûreté commune.

Les connoissances du peuple, leurs besoins et leurs loix, étant très-peu de chose,
il n'est pas surprenant que les enfans s'en-

tretiennent avec les hommes comme les hommes mêmes. On les voit soutenir avec aisance une conversation suivie ; un étranger qui arrive cause avec la première personne qu'il rencontre ; cette familiarité et cette habitude des enfans de parler avec tout le monde, leur ôte cette timidité si mal placée, qu'on voit toujours parmi les peuples les plus civilisés.

Ce peuple pasteur, dont la richesse ne consiste que dans le nombre et la qualité de ses troupeaux, met tout en œuvre pour les conserver : si un animal est malade, on a de lui le plus grand soin, et on ne le tue que lorsqu'on voit que tous les secours lui sont inutiles. Alors on le mange; cette nourriture, quoique mal-saine, est cependant des jours de régal ; car les voisins sont alors invités à participer au repas: s'il vient à mourir sans avoir été égorgé, on n'y touche point ; il est regardé comme impur ; il faut aussi que celui qui le tue ait le soin de se tourner du côté du levant, et de prononcer, en l'égorgeant, les premières paroles de la prière générale.

Une chèvre ou un mouton égorgé par un sanglier, ou mourant de la blessure

qu'il auroit reçue de cet animal, est regardé
comme impur; on n'y touche point. Il est
inutile de dire qu'on ne mange pas de
sanglier : on tâche de les détruire le plus
qu'on peut ; mais ils sont si nombreux,
qu'ils causent les plus grands ravages.

Les femmes sont bien plus considérées
chez ce peuple que chez aucune des nations voisines ; cependant, elles y sont
dans une espèce de sujétion qui approche
beaucoup de l'esclavage. Leurs occupations ordinaires sont de préparer la nourriture, de filer la laine des chameaux et
des chèvres, pour former les tentes, de
traire les bestiaux, faire le beurre, aller
chercher le bois nécessaire pour la nuit ;
et lorsque l'heure du repas est arrivée, qui
ne se fait qu'une fois le jour, après la
rentrée et l'arrangement des troupeaux,
elles servent la nourriture à leurs maris ;
tous les hommes et enfans libres ou esclaves mangent ensemble ; les restes sont
pour les femmes libres et captives qui mangent après eux. La pluralité des femmes
est permise ; cependant il est très-rare
qu'un homme en ait plus d'une ; ils ont,
il est vrai, la liberté de la répudier à vo-

lonté , ce qui arrive toujours lorsqu'elle
ne leur donne point de garçons ; mais la
femme, de son côté, est libre aussi de
s'attacher à un autre homme et de vivre
avec lui. Si la femme a le bonheur d'avoir
un ou plusieurs garçons , elle est considérée et respectée de son mari au-delà de
toute expression ; elle a une autorité sans
bornes dans la tente : si elle se livre au
travail, c'est par goût ; des négresses captives font son ouvrage ; elle n'a qu'à dormir, causer ou danser, suivant sa volonté.
Si une de ses parentes vient lui rendre visite , elle la reçoit bien : l'honneur consiste à laisser faire à la parente tout l'ouvrage de la maison. La nouvelle arrivée
s'empare du ménage, prépare la nourriture, bat le lait et s'occupe continuelle-
ment pendant que la maîtresse reste oisive,
et l'entretient de diverses affaires de famille ou de la nation. On connoît la ré-
ception à l'étendue de l'ouvrage qu'on laisse
faire à celle qui vient visiter son amie ; la
nouvelle venue fait ordinairement une
fois plus de nourriture qu'à l'ordinaire, ce
qui fait que l'arabe invite toujours plusieurs de ses voisins à venir participer à la

fête. Quoique la visitante soit bien reçue, fût-elle la sœur même de l'Arabe, elle ne mange point avec lui ; elle prend son repas avec les femmes, après que le maître et sa famille ont mangé. La femme n'apporte rien en dot à son mari : l'homme choisit parmi les filles celle qui lui plaît le plus, et la demande lui-même au père sans autre formalité ; celui-ci ne la refuse jamais, à moins que le postulant n'ait fait quelque chose de contraire aux coutumes de la nation. La fille accordée est conduite, par les parens, à la tente de son mari. Il y a toujours grand repas pour la cérémonie. Le père reçoit toujours des présens de son gendre ; s'il est pauvre, et que le père soit riche, le nouveau marié trouve dans la famille de sa femme tous les secours possibles ; mais s'il en est autrement, le fils nourrit seulement son beau-père chez lui ; on le laisse vivre à sa volonté, comme avant son mariage.

Dans le cas où une femme ne se plût pas avec son mari, elle peut le quitter sans autre formalité que de se retirer chez ses parens. Alors, si le mari est attaché à sa femme, il va la chercher : si elle

s'opiniâtre à ne point retourner avec lui,
elle est libre et peut se marier à une autre
à sa volonté ; cependant, lorsqu'elle a eu
un enfant, sur-tout si c'est un garçon,
elle ne peut le faire : sa retraite de plus
de huit jours chez ses parens pourroit
être punie de mort. Lorsqu'un homme
bat sa femme, c'est la preuve la plus cer-
taine qu'il l'aime, qu'il l'estime, et qu'il
ne veut pas se séparer d'elle; si au contraire il se contente de lui faire des reproches, la femme se croit méprisée, et se
retire infailliblement chez ses parens. Cette
coutume est cause que, dans les disputes
les plus légères, les femmes reçoivent de
grands coups de bâton. Cet usage est le
signe le plus certain d'un bon ménage. Les
femmes le préfèrent aux plaintes que l'on
feroit à leurs parens : une fois mariées,
elles veulent être indépendantes, et aiment
mieux supporter ces corrections que les
humiliations et le mépris qu'elles auroient
à souffrir de leurs familles, s'il arrivoit que
les maris y allassent porter des plaintes.

Le présent ordinaire du mari consiste à
bien vêtir sa femme, à lui donner des col-
liers d'ambre, des boucles d'oreille, des

attaches et des manilles en argent : il y
joint souveut, et sur-tout quand il est riche,
un petit nécessaire composé de boîtes, mi-
roirs, peignes, ciseaux et autres petits
objets qui sont de très-grande valeur chez
ce peuple.

Les femmes ont coutume de se tresser
les cheveux et d'en former une couronne
sur la tête ; elles y mettent une couleur
rouge et du beurre pour se préserver de
la vermine. Comme les hommes et les femmes ne sont couverts pour l'ordinaire que
de laine, qu'ils n'ont qu'un habillement,
qu'ils ne peuvent laver faute d'eau, il n'est
pas étonnant qu'ils soient toujours couverts
de vermine. Pour se garantir de l'importu-
nité de leurs morsures, ils ont tous le soin
de se frotter toutes les parties du corps
de beurre, ou de la graisse la plus rance
qu'ils peuvent se procurer, ce qui donne
une odeur insupportable sur-tout aux négresses qui puent naturellement, et on ne
peut y résister que par la longue habitude
qu'on a d'être avec eux.

La médecine est presqu'inconnue parmi
ce peuple. Les prêtres sont les seuls dé-
positaires des secrets de ce grand art ; ce-

pendant on y vit long-tems, et presque
toujours sans maladie : leurs remèdes gé-
néraux pour les maladies internes, sont
la diette et le repos; s'il y a inflammation,
on donne beaucoup de rafraîchissans :
quand le malade peut manger, on ne lui
épargne point la nourriture; sûr qu'il ne
prendra que celle qu'il est en état de di-
gérer. Le mal de tête, occasionné par
l'ardeur des rayons du soleil, est guéri
en la serrant le plus qu'on peut, et en
faisant sortir du sang sur le front au-dessus
du nez. Pour les plaies, ils se servent de
feu; qu'on ait reçu un coup de poignard,
on le guérit en brûlant l'endroit offensé;
est-on mordu d'une bête venimeuse, le
même remède a lieu : pour cet effet, on
fait rougir des lames de couteaux, et on
les insère dans la plaie; la brûlure se
guérit aisément avec du goudron et de
l'huile de tortue dont ils font un mêlange;
ils en couvrent la partie malade, l'enve-
loppent avec des herbes qu'ils connoissent,
et se procurent une prompte guérison.

L'ophthalmie occasionnée par le serein
est aussi guérie promptement; ils mettent
sur l'œil malade de la poudre de peaux

de serpent, et y mettent un bandeau de
même espèce ; ce qui est cause qu'ils ont
le plus grand soin d'amasser celles dont
le serpent se dépouille au renouvellement
des lunes.

Lorsqu'un père de famille vient à mourir, soit par maladie ou accident, le premier des enfans qui a connoissance de
sa mort, s'empare de tout ce qu'il trouve
dans la tente de son père : rien n'entre
dans le partage ; il se l'approprie ; et les
autres enfans, éloignés, ou instruits trop
tard de cette mort, n'ont à partager avec
lui que les bestiaux et les esclaves. La
mère et ses filles, quand elles ne sont
point mariées, se retirent chez l'aînée.
Si le défunt laisse des enfans en bas-âge,
le plus près parent s'empare de tout, et
nourrit toute la famille ; il est comptable
envers les garçons du bien qu'il a trouvé.
La femme garde ordinairement le veuvage ;
elle prouve par-là son attachement pour
son mari. Différentes dans leurs opinions
des autres mahométans, celles-ci prétendent à l'immortalité, et croient que celles
qui ne se comportent pas bien avec leurs
maris sont privées du bonheur éternel,
et

et qu'elles sont perpétuellement leurs esclaves.

Les habitans de ces déserts ont presque
tous des nègres captifs ; ils les emploient
à la garde de leurs bestiaux , et quoique
ces nègres ne soient pas fort éloignés de
leurs pays, cependant on en voit rarement
déserter ; leur esclavage est bien doux ,
ils sont nourris et vêtus comme leurs
maîtres. Jamais ils ne sont exposés aux
dangers de la guerre ; ils peuvent même se
marier : mais leurs femmes ne sont point
si heureuses, elles ont toute la charge du
ménage , et sont traitées durement des
femmes Arabes et des Arabes mêmes. Si
elles ont des enfans , ils sont captifs
comme elles; on les emploie à tout.

Dans l'enfance les petits Nègres vont aux
écoles publiques comme les petits Arabes ,
et participent à tous leurs amusemens ;
ils ne sont pourtant pas traités de même ,
car à la moindre faute on les punit avec
rigueur. Ce peuple qui a une complai-
sance aveugle pour ses propres enfans ,
parce qu'il ne leur suppose pas assez de
connoissance , n'a aucune considération
pour ceux des Nègres qu'il maltraite avec

H

une brutalité sans égale. Quand un Mon-
geare a un enfant mâle d'une Négresse,
cet enfant passe pour être de la nation ; la
femme est mieux considérée, quoique res-
tant toujours esclave ; mais le fils a le grade
de citoyen, et est élevé comme les enfans
de la nation.

Si un navire françois ou anglois fait naufrage sur les côtes, tout l'équipage est fait
captif ; les Maures s'emparent de tout :
c'est un bien, disent-ils, que Dieu leur
envoie, et cette opinion est générale chez
tous les Mahométans ; les François et Anglois sont seuls faits esclaves ; quant aux
autres nations, ils les massacrent sans pitié :
ils connoissent les François et le Anglois
par leur commerce, soit en rivière du
Sénégal ou Portendie, soit dans les états
de Maroc. Ils confondent les autres chrétiens avec les Espagnols pour qui ils ont
une haine implacable et méritée, car les
habitans des Canaries font de tems à
autre des descentes sur ces côtes, et enlèvent tous les Maures qu'ils rencontrent :
ceux qui échappent se souviennent de ces
sortes d'enlevemens, et s'en vengent dans
l'occasion.

L'esclave chrétien n'est pas toujours sujet aux travaux , sur-tout quand on espère du profit de sa rançon ; alors on le ménage (*) , on lui donne la nourriture à part ; elle est prise sur la nourriture commune ; les femmes ni les esclaves Nègres n'y touchent point , les uns et les autres portent même le scrupule jusqu'au point de n'oser se servir du chétif plateau qu'il a reçu.

Si dans l'équipage il se trouve un enfant, il est traité et respecté comme ceux de la nation : on ne l'occupe point , il fait sa volonté ; un homme qui auroit le malheur de le battre , quand même il seroit son maître , en seroit sévèrement puni.

Le terrein est inculte et désert ; on n'y rencontre presque point d'arbres ; par-tout il est couvert de broussailles. On voit cependant , par-ci par-là , quelques dattiers

_____

(*) Les Arabes des déserts les plus éloignés des villes , assujettissent leurs esclaves aux travaux les plus durs, parce qu'ils n'ont pas l'espoir de les trafiquer ; mais ceux qui en sont plus voisins les ménagent infiniment, afin d'en retirer une forte rançon. J'ai appartenu à ces deux espèces de maîtres.

et quelques palmiers, mais ils sont extraordinairement rares ; il y a de très-belles
plaines dont le fonds paroît excellent, et
qui fourniroient sans doute du mil ou de
l'orge, si on les cultivoit; mais elles ne le sont
pas, soit par la paresse des habitans, soit
qu'en quittant le pays, lors de la crue des
eaux, ils se trouvent trop éloignés pour en
faire la culture, soit enfin qu'ils craignent le ravage des sables volans.

Ces sables forment de hautes montagnes
et se déplacent souvent. Ce qu'il y a de particulier, c'est qu'elles se forment en ran-
gées, à distances égales, comme si on les
eût placées exprès. Les sables sont une
des plus grandes incommodités du canton ;
lorsque le vent commence d'en remplir
l'air, on décampe sans tarder. On fuit, le
vent dans le dos, tant que le sable est en
mouvement. Sans cette précaution, il ne
faudroit qu'une nuit pour en avoir plus de
cinquante pieds sur la tête.

Outre tous les animaux connus en Europe, le pays est rempli de gazelles, de
sangliers, de lions, de tigres, de singes
et de serpens : il y a des oiseaux de toute
espèce; les plus dangereux de ces animaux,

ont aies contredit les serpens et les tigres; c'est-à-dire que le bruit occasionné au dommage ainsi ne fait point feu sur lui! Le scorpion, si commun dans toute la Barbarie, est rare dans ces cantons. Le sanglier est, de tous les animaux, celui qui occasionne le plus de dommage; il attaque les troupeaux, ce qui engage les habitans à se tenir toujours auprès, et quoiqu'on lui fasse une guerre continuelle, la quantité, en apparence, n'en diminue pas.

Le Biledulgérid.

La partie du Biledulgérid, que j'ai parcourue, est habitée par un peuple connu sous le nom de *Mosselemis* ; ce peuple diffère des Maures et des habitans du désert par ses coutumes et sa religion. Le gouvernement des Mosselemis est purement républicain ; ici tous les hommes aiment la liberté et lui sacrifient ce qu'ils ont de plus cher. Les Mosselemis sont religieux observateurs de cette constitution que leur ont transmis les Arabes qui existoient avant le prophète, et dont ils ont invariablement conservé les mœurs, les

H 3

usages et les dogmes. Ce peuple abhorre
la domination : il chérit par-dessus tout sa
liberté ; il est libre ; cet état fait son
bonheur.

Cette opinion nationale est un peu af-
foiblie chez ceux qui se trouvent limitrophes des habitations de *Maroc*. L'habitude
et l'exemple de leurs voisins , en altérant
les usages de leur pays , les accoutument
insensiblement à ceux de cet empire. Il
est vraisemblable que ce peuple tire son
nom et son origine des sectateurs de Mo-
seïlama , Arabe très-fameux , compatriote
et contemporain du grand prophète : ils
ont cependant pour ce dernier, comme
tous les autres Mahométans, une très-
grande vénération ; mais ils ne pensent
pas que ce prophète ait été infaillible ;
que tous ses descendans sont inspirés de
Dieu ; que leurs volontés forment loi, et
qu'on ne puisse être bon mahométan sans
suivre des idées si absurdes.

Ce peuple , dans la partie que baigne
l'Océan Atlantique , occupe un espace de
terrein , tant bon que mauvais , d'environ
cent lieues de large ; la profondeur du
pays passe mille lieues. Le pays est assez

bien cultivé ; les possessions de ce peuple sont dans la partie voisine des Maures , à douze lieues sud de Ste.-Croix, et s'étendent jusqu'au désert ; les plus puissans ou les plus riches sont , ou des Arabes véritables, ou des Maures fugitifs de l'empire de Maroc.

Le gouvernement est républicain ; ils se maintiennent dans leur pays et leurs droits avec beaucoup de courage. Ils se choisissent tous les ans de nouveaux chefs ; ils passent pour invincibles aux yeux des Maures , tant par la difficulté de pénétrer dans leur pays tout environné de montagnes arides et escarpées , que par leur courage et leur opiniâtreté à résister à tous les efforts de leurs ennemis. Cette nation a des espèces de bourgades situées toutes sur le penchant des montagnes ; les maisons sont bâties en pierre et en terre ; elles ont la forme de celles des Maures; elles sont basses pour la plupart et toutes couvertes de terrasses : on en voit cependant qui ont trois étages. Les pluies abondantes qui existent dans le pays environ trois mois de l'année, minent considérablement ces habitations. Elles sont cause que

les habitans sont obligés, tous les quinze
à vingt ans, de changer de demeure. Les
riches, les artisans, et les juifs qui s'occupent à divers travaux et au commerce,
sont les seuls qui habitent ces bourgades.
On y voit des mosquées où les Arabes
s'assemblent les vendredis, pour leurs
prières. Quoique ce jour soit consacré aux
offices, il ne les empêche pas de travailler;
c'est leur jour de marché principal. Les
Arabes de la même nation répandus dans
la campagnes'y rendent pour y commercer,
et pour y profiter des instructions publiques
que donnent, ces jours-là, les prêtres Mahométans.

Les habitans du désert s'y rendent aussi
pour se procurer la vente de leurs den-
rées, et se fournir des objets nécessaires
à leurs ménages. Il y a des places assignées
pour la vente des marchandises; les habitans seuls ont des espèces de petites bou-
tiques où ils font porter les effets qu'ils
veulent vendre : quant aux autres, ils les
exposent naturellement sur la place. Les
juifs font la plus grande partie du commerce ; s'il survient des différends, le chef
du lieu, accompagné des vieillards, juge,

et sa décision est sans appel ; les procès sont terminés sur l'heure, sans aucune distinction d'homme ou de nation.

Plus industrieux et plus laborieux que leurs voisins, ils s'adonnent à la culture de la terre ; le chef de chaque famille va choisir le terrein qui lui paroît le plus avantageux ; on laboure légèrement la terre avec des espèces de houlettes, puis on ensemence : on a soin d'environner le champ de broussailles, pour indiquer le lieu cultivé et empêcher les habitans errans de la campagne d'y laisser entrer leurs troupeaux. La récolte se fait ordinairement trois mois après les semailles ; c'est sur la fin de mars. Ils coupent leurs grains à six pouces environ de l'épi, et ils en forment de petites poignées ; on les amasse en tas, tout le monde travaille dans ce tems, du matin au soir, sans interruption. On apporte le grain devant la maison ou la case principale. On le bat aussitôt à grands coups de bâton ; puis on le vanne et on le met en réserve : on brûle ensuite la paille qui a resté sur pied, et le champ est abandonné pour deux ou trois ans, quelquefois plus.

Leur méthode pour conserver le grain
est tout-à-fait la même que celle des habitans de la Barbarie ; ils font, pour cet
effet, un grand trou en terre, qui est ter-
miné en pointe ; ils l'emplissent de bois,
et y mettent le feu pour dessécher la terre,
et lui donner une consistance solide. Cette
opération faite, ils nettoient les fosses
et y mettent leurs grains à-demi vannés.
Puis ils prennent de gros madriers qu'ils
posent près les uns des autres, et recou-
vrent le tout de terre ; par ce moyen, on
ne peut leur couper les vivres en tems de
guerre, et l'ennemi marche, sans le savoir, sur des monceaux de grains.

Les habitans des plaines s'arrêtent dans
le tems des semailles ; ils choisissent des
terreins qu'ils cultivent. Chacun revient
dans le tems de récolte ; on reconnoît son
champ et on en fait la dépouille. Lorsqu'elle est faite, ils la mettent en réserve
comme je viens de le dire, et se portent
de côté et d'autre avec leurs bestiaux, emportant seulement le nécessaire.

Quand, dans les tentes, on se voit près
de manquer de grains, les femmes aver-
tissent ; alors plusieurs particuliers par-

rent avec leurs chameaux, et vont au magasin de la horde chercher la provision générale ; chacun a sa répartition, suivant le monde qu'il a employé au travail commun.

L'hospitalité est générale parmi les peuples errans ; ils suivent, en ce point, toutes les coutumes de ceux du désert ; les voyageurs sont nourris par-tout sans payer. Il n'en est pas de même aux bourgades ; la multitude d'étrangers qu'attirent les marchés, est cause qu'on exige d'eux le paiement de leur nourriture. Sans cela, les habitans des bourgades seroient les plus pauvres, par la grande quantité de monde qu'ils auroient à nourrir les jours des marchés et des assemblées générales. Si l'Arabe de la campagne ne quitte point le même jour le pays, on le fait coucher sur les terrasses des maisons, où il est exposé aux injures de l'air. Les particuliers de ces petites villes ne donnent le gîte dans leurs maisons qu'aux personnes qu'ils distinguent, tels que les parens, amis, ou chefs de horde.

Les nègres esclaves de ces sortes d'habitations, examinent, avec le plus grand

soin, le nombre de personnes qui demandent de la nourriture ; on la sert à la porte
avec une suffisante quantité d'eau pour se
désaltérer. On paie ordinairement pour
la bande : ils s'assemblent par famille et
mangent tous au même plat. On a une
cour séparée pour les chevaux, et comme
ces animaux n'ont coutume de manger
qu'une fois le jour, on ne leur donne
point de nourriture, à moins que leurs
maîtres ne passent la nuit dans l'endroit ;
dans ce cas, on distribue séparément, à
chaque cheval, environ trois livres d'orge.

On se nourrit mieux dans les villes que
dans la campagne ; on y fait régulièrement
deux repas, au lieu qu'à la campagne on
n'y mange que sur le soir, quelquefois
même, comme dans le désert, on se contente de laitage. Le plus grand nombre
des habitans des villes n'a point de bestiaux ; mais plutôt un état, tel que celui
de tisserand, de cordonnier, d'orfèvre,
de potier-de-terre, de maçon ; les princi-
paux des habitans ne se livrent à aucune
de ces occupations. Ils ont des bestiaux
nombreux, des vaches, des chameaux,
des chevaux, de la volaille, et générale-

ment tout ce qu'on rencontre dans nos fermes. Leurs nègres captifs ont beaucoup d'ouvrage, et sont conduits très-durement : ceux qui vont à la garde des troupeaux sont les plus heureux ; mais ceux qui sont réservés pour les ouvrages de la maison, sont occupés sans relâche. Il faut qu'ils aient soin de la réparation des bâtimens, de l'entretien des jardins, de fournir la maison d'eau et de bois, de préparer le grain et nettoyer les bestiaux.

Les femmes Négresses sont occupées tout le jour à broyer le grain et à préparer la nourriture ; leur ouvrage augemente beaucoup les jours de marché. Les Nègres pasteurs au contraire trouvent toujours à leur retour la nourriture prête. Ils sont bien vêtus, et ont ordinairement une petite retraite séparée pour eux et leurs familles.

Ce pays est très-peuplé ; il le seroit encore davantage, sans les guerres presque continuelles qu'il a à soutenir contre l'empereur de Maroc. On dit ce peuple rebelle à ce prince, quoiqu'il n'ait jamais été soumis à sa domination ; il s'est toujours maintenu libre.

Lorsqu'une armée Mauresque se met en marche, les habitans du Biledulgérid en sont toujours instruits, ils ont trop de correspondances avec la nation pour ignorer ce qui s'y passe. Alors ils se tiennent sur leurs gardes. Tous les habitans des campagnes en sont informés ; et comme ils sont tous bien montés, ils forment des corps de cavalerie redoutables, ils s'emparent des défilés et égorgent sans pitié ceux qui osent s'y engager.

Les femmes et les captifs, escortés par un nombre suffisant d'Arabes pour les défendre, quittent sans inquiétude leurs habitations, se retirent dans l'intérieur des terres ; quelquefois même ils se portent jusques dans le désert. La liberté dont ce peuple jouit, lui fait endurer les fatigues les plus grandes. Il regarde ce bien comme le plus grand de tous, et se bat jusqu'à la mort pour se maintenir dans ses droits.

Le commerce dont il est le seul possesseur, pour communiquer des états de Maroc avec le Sahara, la fertilité de son pays, le pillage qu'il fait sur ses ennemis, le peu qu'il perd dans ses défaites, tout

contribue à l'enrichir ; aussi se soutient-
il toujours avec avantage.

Comme ce pays est la seule retraite des
riches habitans de la Barbarie, qui veulent jouir de leurs biens, et se soustraire
à l'insatiable cupidité de l'empereur de
Maroc, ils en ont beaucoup parmi eux,
qui, instruits à fonds des coutumes des
Maures, les mettent à l'abri des surprises.
Ces fugitifs ne peuvent être des traîtres ;
ce sont pour la plupart ceux qui ont été
condamnés à mort par l'empereur. Ils sont
reçus dans les armées des Arabes, et se
battent toujours avec beaucoup de courage, préférant mourir les armes à la main,
que de se laisser prendre pour être exposés
à la vengeance du tyran.

Les Mosselemis, plus riches qu'aucun
des peuples qui habitent les provinces
soumises à la domination de l'empereur
de Maroc, sont toujours bien vêtus, bien
armés ; ils ne paient aucun tribut, ils
profitent du fruit de tous leurs travaux et
de leur industrie dans le commerce, point
de charges d'état, excepté le tems de
guerre, qui dure très-peu, le tout se ter-
minant ordinairement par un combat, ou
eux.

une escarmouche. Tout ce qu'il peut avoir
ou piller lui appartient en propre. Ses coutumes , sur ce point, sont diamétralement
opposées à celles qui sont généralement
reçues en Barbarie , où l'empereur a
d'abord la moitié de droit acquit, et ensuite l'autre moitié par son adresse ou
ses cruautés.

. Il y a cette différence entre les Maures
fugitifs et les naturels du pays , que ces
derniers marchent toujours armés , soit
qu'ils battent la campagne , qu'ils aillent
aux marchés, qu'ils se trouvent dans les
assemblées de la nation , soit enfin qu'ils
se visitent les uns les autres ; les Maures ,
au contraire, fussent-ils même des princes,
ne portent des armes qu'en campagne et en
tems de guerre.

Les femmes ne sont pas plus esclaves
que celles de Sahara. Celles des villes
restent à la vérité dans des espèces de
serrails. Chacun en a autant qu'il peut en
nourrir. Les principales sont toujours
celles dont ils ont le plus de garçons. Quoiqu'elles aient une demeure séparée des
hommes , il n'est pas cependant défendu
de pénétrer chez elles ; on peut les visiter

sans

sans que son mari soit jaloux ; il se repose
en quelque sorte sur sa femme, des
égards qu'elle dit avoir pour lui. Elles
ont la même idée que celles du Sahara sur
l'immortalité, et c'est sans doute ce qui
les engage à la fidélité. Elles sont bien
vêtues, peuvent sortir dans la ville, et
même promener dans les environs ; mais
quand elles sortent, elles ont toujours
la précaution de se couvrir d'un voile qui
les cache entièrement. Ce voile leur est
assez inutile, puisqu'elles l'ôtent quand
elles rencontrent quelqu'un à qui elles
veulent parler, ou qu'on les interroge.
Elles sont toutes généralement humaines,
et ne sont point sujettes aux coups de
bâtons comme celles du Sahara ; elles
croient que leurs maris peuvent les aimer
sans les battre. Elles se peignent les ongles
et la figure de diverses couleurs, telles que
le rouge et le jaune. Elles ont le plus grand
soin de leurs dents, et de se border les pau-
pières d'une couleur noire ; lorsqu'elles ne
se peignent qu'un côté de la figure, elles
n'ont point de communication avec les
hommes. Les marques sont très-distincti-
ves, elles sortent rarement pendant ce tems.

I

Les enfans sont élevés avec le plus grand soin ; on les envoie de bonne heure aux écoles , ils n'ont point de preuves de courage à donner pour être au rang des hommes , comme dans le Sahara. L'âge seul, leur adresse à monter un cheval , à manier les armes , leur travail dans le tems des moissons, etc. suffisent. Alors ils se marient ; on leur donne une dot qui consiste en habillemens, armes, bestiaux. Ils deviennent ce que leur industrie ou les occasions leurs permettent de devenir. Ceux qui sont instruits de la religion, se font prêtres pour l'ordinaire. Ils se marient également et s'adonnent aussi à tous les autres exercices. Mais ils sont plus respectés, et deviennent dans leur vieillesse les juges de la nation. S'ils ont des malheurs, on les soutient ; au lieu que les autres ne tirent leurs ressources que de leur industrie , du pillage qu'ils se permettent sur le terroire des Maures leurs voisins, ou des caravanes, lorsqu'ils se réunissent aux voleurs de la Barbarie.

En tems de guerre, les chefs sont choisis indistinctement parmi les Maures fugitifs , ou dans la nation. Le mérite en décide

ordinairement. Leur autorité ne dure que
la campagne; mais elle est absolue pendant
tout le tems du commandement. Le tems
expiré, ou l'expédition terminée ils rendent
alors compte de leurs actions aux vieillards
assemblés, et reçoivent d'eux récompense
ou punition, plutôt suivant le résultat de
leur entreprise que d'après leur conduite.
On leur choisit des successeurs, et ils
servent ensuite dans les armées, rentrant
dans la classe des simples particuliers. Si
le péril est pressant, et que leur mérite soit
reconnu supérieur, on les continue dans le
commandement; mais leur autorité cesse
encore avec la guerre.

La religion de ce peuple admet un chef
général, pour lequel il a un respect qui
approche de l'adoration. Cet homme, sans
état, sans troupes et sans titres, est le
plus puissant de toute l'Afrique ; son autorité est sans bornes ; s'il ordonne la
guerre contre l'empereur de Maroc, il est
obéi. Les Mosselemis, au lieu de se
tenir sur la défensive, sont agresseurs et
étendent leurs ravages bien loin dans cet
empire. La guerre cesse quand il le veut.
Sans possessions particulières, il a tout

en pouvoir'; chaque famille lui fait tous
les ans son présent, qu'elle s'efforce de
rendre le plus beau et le plus conséquent
possible. Il rend justice à tout le monde,
et si, dans une ville, quelque différend
a été jugé avec partialité, on lui porte
plainte ; il soumet les accusations à son
conseil, et quelques jours après, il prononce définitivement. Il n'exige rien de
personne , mais chacun se fait honneur
de lui offrir ce qu'il possède. Sans le titre
de roi, il l'est effectivement. Sa puissance
n'est appuyée que sur l'amour des peuples
et la religion. Différent, dans les maximes,
les opinions et la conduite, de l'empereur
de Maroc , il ne se dit point inspiré du
prophète ; il n'a point l'audace de faire
croire aux peuples qu'il est sorti d'une
des premières familles des Mosselemis ;
il suit les idées de ses pères , et ne sait
que trop bien qu'une autre conduite dé-
truiroit son crédit chez cette nation. Il
écoute toujours les avis des sages qui sont
tirés des différentes familles , et ne rend
jamais de jugement que sur l'opinion la
plus raisonnable. On a le droit de lui
faire voir le faux, quand il en existe, et

il n'est jamais opiniâtre dans ses décisions.
Sa domination ou plutôt son crédit s'étend
sur tous les Mosselemis et les habitans
du Sahara. Il rend justice à tout le monde.
Les Maures mêmes lui soumettent souvent
leurs disputes , et quoiqu'ils ne soient
point de sa nation, il les écoute. L'empereur , tout puissant qu'il est , n'a jamais
osé attenter à l'autorité de cet homme ,
ni faire marcher ses troupes , même en
tems de guerre , vers le lieu qu'il habite.
On le nomme *Sidy Mohamet Moussa.* Cette
conduite des Arabes à son égard prouve ,
sans replique , que l'autorité puisée dans
l'amour des peuples , est mille fois plus
grande que celle que donne la crainte ou
la force des armes.

Les Juifs répandus dans tout le pays,
n'occupent que les bourgades ; ils ne cultivent pas la terre, quoiqu'il y en ait beaucoup d'inculte. Ils s'adonnent tous au commerce ; ils travaillent à divers objets, et
sont obligés d'acheter toutes les choses
nécessaires à la vie. Cette nation est aussi
maltraitée chez ce peuple que dans les
états de Maroc : elle est esclave par-tout;
on la fait travailler à volonté ; il ne lui

reste pas même la liberté de se plaindre.
Jamais un Juif ne porte d'armes ; si on le
bat, il doit souffrir patiemment ; s'il osoit
se défendre contre un Arabe, il seroit puni
de mort ; sa famille même seroit exposée
à éprouver le même traitement. On lui
laisse le libre exercice de sa religion. Ce
motif et l'avarice, qui se perpétue de race
en race chez cette nation errante, lui fait
souffrir, avec une patience sans égale,
toutes les indignités qui révolteroient les
hommes les moins sensibles.

Différens des Mougeares et des Maures
leurs voisins, les Mosselemis ne cherchent point à faire des prosélytes. Quand
ils ont un captif chrétien, ils le traitent
avec humanité ; ils ne le laissent point
manquer de nourriture, n'exigent de lui
aucun travail pénible : la crainte de le
voir tomber malade et mourir, leur fait
avoir ces ménagemens ; ils perdroient la
rançon qu'ils espèrent ; et l'argent, qui
est la première idole de ce peuple, l'engage à ce ménagement.

Chez les Mougeares, un chrétien qui
chanteroit la prière et se feroit circoncire,
auroit la liberté et le grade de citoyen.

La famille à laquelle il auroit appartenu lui fourniroit des bestiaux pour vivre avec eux et comme eux. A Maroc, un chrétien qui chanteroit la prière, ou qui auroit le malheur d'entrer dans une mosquée, seroit mis à mort, ou contraint de se faire mahométan ; mais chez les Mosselemis il n'a rien à craindre. L'argent est plus fort que la religion ; et on se contenteroit de le faire sortir, sans même le frapper.

Chez les Maures, un chrétien surpris avec une femme est contraint de se faire Mahométan, pour éviter la mort. La femme est mise dans un sac et jetée à la mer. Mais, chez ce peuple, on punit la femme ; le chrétien n'a rien à craindre ; l'argent est toujours son soutien.

Si, dans une dispute, le chrétien bat son maître, crime puni de mort chez les nations voisines, il reste impuni chez les Mosselemis, ou, tout au plus, corrigé par quelques coups de bâton ; l'argent espéré de sa rançon lui sert d'excuse ; cette matière est la pierre de touche à toute épreuve.

Si un Arabe tue un Juif, ou un de ses concitoyens, il est réprimandé seulement

I 4

pour le Juif, et containt de donner à la famille de l'Arabe tué, la somme prononcée par les juges : l'argent le sauve de la juste vengeance à laquelle il seroit exposé sans cela.

Cet amour pour l'argent, l'ardeur insatiable qu'ils ont de s'en procurer et d'y sacrifier tout, les engage souvent à former des partis et à se jeter sur les habitans du Sahara, ou ceux des habitations soumises à la domination de Maroc. Cette passion est d'autant plus inconcevable, que ce peuple n'en fait presque point usage. Il l'amasse avec le plus grand soin, et se prive souvent du nécessaire plutôt que de dépenser la plus petite pièce de monnoie. Quand un père de famille meurt, quoiqu'il ait amassé pendant sa vie beaucoup d'argent, jamais on n'en trouve chez lui. Il se cache de tout le monde, et l'enterre, espérant sans doute en profiter après sa mort, et n'avoir d'éclat dans l'autre monde qu'autant qu'il aura plus ou moins d'espèces.

Les Mougeares, leurs voisins, n'ont pas, à beaucoup près, cette ardeur pour l'argent ; ils ne l'emploient qu'aux bijoux

pour leurs femmes, et n'en connoissant la
valeur que par les avantages qu'ils en retirent
chez le peuple voisin, quand quelque naufrage ou la vente de leurs productions
leur en procurent, ils le donnent volontiers
pour de la poudre ou autres objets de nécessité ou de fantaisie.

Le pays des Mosselemis est très-fer-
tile ; on y trouve, sans presque de culture,
tout ce qui est nécessaire à la vie : les
plaines sont arrosées par beaucoup de
ruisseaux qui les rendent très-fécondes.
Les montagnes sont couvertes d'arbres ; on
voit de tous côtés beaucoup de palmiers,
de dattiers, de figuiers, d'amandiers et
une infinité d'autres arbres propres à la
construction. Ils recueillent beaucoup
d'huile, de cire, de tabac et d'amandes
qu'ils viennent vendre dans les marchés
publics : l'huile, la cire, les amandes se
transportent à Mogodor, et font la principale branche du commerce. On cultive
avec soin les vignes dans les jardins ; le
raisin en est délicieux ; les Arabes n'en
font point de vin ; ils le font sécher : les
Juifs en font de l'eau-de-vie.

L'abondance du pays fait qu'on s'y nour-

rit bien ; dans le Sahara , on n'a point
tous les jours à manger ; le laitage supplée
à la nourriture. Les Mosselemis errans
ne font qu'un repas le soir ; mais dans les
bourgades , on en fait deux chaque jour ;
un sur les dix heures du matin , et l'autre
au soleil couché ; ce qui donne beaucoup
d'ouvrage aux esclaves négresses qui sont
entièrement occupées à broyer le grain et
à préparer la nourriture. Les peuples de
ces petites villes se donnent aussi plus d'aisance pour se coucher ; ils étendent plusieurs nattes à terre dans leurs apparte-
mens, se servent de linge, et reposent
tranquillement sans être exposés aux injures de l'air.

Les cavaliers sont supérieurs à ceux qui
ne marchent que comme fantassins. Les
premiers n'ont point d'autre état que les
armes. Soit en paix , soit en guerre, ils
sont toujours en activité. A la guerre, ils
s'y comportent avec courage : pendant la
paix , ils s'exercent entr'eux à manier leurs
chevaux et aux diverses évolutions mili-
taires ; ils escortent les caravanes dont ils
reçoivent le paiement ; ils se montent et
s'entretiennent à leurs dépens. Ils sont fa-

ciles à reconnoître : toujours accoutumés
à être à cheval, ils ont un calus formé sur
le gras de la jambe, à l'endroit du fer de
l'étrier; car ils ne portent jamais de bottes.
Ces gens sont les voleurs les plus redoutables de la nation; ils fondent sur ceux
qu'ils veulent piller avec une rapidité sans
exemple; on n'a point le tems de se mettre
en défense, et le butin est fait avant qu'on
se soit rassemblé et mis en état de repousser
l'ennemi. Leurs chevaux sont les meilleurs
de la terre; ils les pansent et les ferrent
eux-mêmes; ils n'ont point besoin de maréchaux pour ce sujet; ils ne se fient pas
aux soins de leurs captifs. Le cavalier est
toujours en état de pourvoir aux besoins
de son cheval; il le ménage comme lui-
même.

Je ne dirai rien de la manière de se traiter
en cas de maladie. Elle est tout-à-fait con-
forme à celle des habitans du désert.

De l'Empire de Maroc.

Je n'entreprendrai point des notions sur l'origine, la progression et l'étendue de cet empire ; on les connoît. (*) Je ne parlerai que de ce que j'ai vu.

Les peuples, soumis à la domination de l'empereur de Maroc, sont moins heureux que ceux dont je viens de parler. Les préjugés de la nation, les volontés arbitraires du prince qu'ils croient descendre du grand prophète, le pillage auquel ils sont journellement exposés en tems de guerre ou non, leurs biens, qu'ils sont obligés de cacher, crainte d'en être dépouillés par l'empereur même ou les différens gouverneurs des provinces, tout contribue à rendre ce peuple le plus esclave de la terre et à augmenter sa barbarie naturelle. Il n'a nulle considération

_____

(*) M. Chenier, ancien Consul de France, vient de publier un ouvrage en trois volumes, qui renferme toutes les connoissances qu'on peut désirer là-dessus.

pour ses voisins ; il les pille quand l'occasion s'en présente. Soumis en tout aux
volontés d'un maître absolu, ils n'ont pas
même la liberté de gémir de leur triste
position ; ils n'ont point d'amis parmi eux :
ce titre est inconnu. Le père a à craindre
son fils, le fils son père. Ainsi, par ses
préjugés, cette nation, qui occupe une
des plus belles parties de la terre, est toujours misérable, et manque souvent des
choses les plus nécessaires à la vie.

Comme elle est naturellement esclave,
et n'a point de mœurs particulières, la volonté du prince fait la loi ; elle n'en connoît
point d'autres. De-là vient l'impossibilité
de connoître les motifs qui la font agir ;
elle n'a de rapports avec tous les autres
mahométans que par ses défauts, sans
avoir aucune de leurs vertus. Il n'est donc
point étonnant, d'après si peu de principes, que cette nation qui se regarde comme
la première de la terre, et qui méprise
souverainement toutes les autres, ait,
tantôt une coutume, et tantôt une autre.
Il y a dans telle province des crimes autorisés qui sont punis dans telle autre.

Toujours en contradiction avec lui-même, on voit souvent une partie du peuple révoltée contre l'autorité souveraine, et faire une guerre cruelle à ceux qui tiennent pour le prince : souvent l'année d'ensuite les rebelles les plus déterminés deviennent les sujets les plus fidèles, et les autres se révoltent à leur tour. Cette versatilité de principes et d'opinions, fruit d'une grande ignorance, maintient toujours le souverain dans sa position, et lui donne une autorité sans bornes, dont il se sert pour dépouiller ses sujets et les maintenir toujours dans l'esclavage.

Comme le prince y est souverain, et que tout se range à ses volontés arbitraires, le peuple n'a d'autre loi que les ordres du despote, d'autres mœurs que celles de son exemple.

Sous le règne de Mouley Ismaël, le plus sanguinaire des princes qui aient occupé le trône, le peuple ne portoit point d'armes; on ne connoissoit plus ce que c'étoit que de piller ; le vol étoit puni sévèrement; on ne pouvoit troubler la tranquillité de personne ; on parcouroit, sans crainte

d'être arrêté, toutes les provinces de l'empire; l'apparence même de troubler cet
ordre étoit puni du dernier supplice.

Un Maure se plaignoit un jour à ce
prince de ce que, dormant dans les champs,
un homme s'étoit approché de lui, l'avoit
éveillé et lui avoit fait peur. L'accusé fut
forcé de comparoître; convaincu d'avoir
troublé par imprudence le sommeil de son
concitoyen, l'empereur ordonna l'appareil
du supplice; il le fit environner de ses
gardes, puis leur ordonna de le mettre
en joue; ensuite, après l'avoir laissé entre
la vie et la mort pendant quelques mi-
nutes, il le fit retirer, donnant pour raison
à la partie adverse que, cet homme ne
lui ayant fait aucun mal, mais seulement
peur, il ne devoit être puni que de la
même manière.

Dans une de ces exécutions sanglantes
qui lui étoient si ordinaires, il commanda
au chef des renégats français, que j'ai vu,
et auquel j'ai parlé à Mogodor en 1784,
de prendre toutes les têtes des citoyens
qu'il venoit de faire égorger, et d'aller
les poser sur les créneaux de la ville de
Rebatte; que si à son arrivée il se trouvoit

un seul créneau sans être garni de tête, il
y feroit mettre la sienne. Le renégat fit
mettre toutes les têtes dans des sacs, et
partit avec sa troupe ; mais avant que
d'exécuter les ordres du prince, il compta
toutes les têtes qu'il emportoit, ainsi que
les créneaux de la ville ; il lui en man-
quoit quinze pour accomplir la volonté de
son maître ; et peu curieux d'y laisser exposer la sienne, il distribua une partie
de sa troupe dans la campagne, et fit
couper la tête aux quinze premières personnes qui passèrent. L'empereur, qui savoit, et le nombre de créneaux qu'il y avoit
à Rebatte, et le nombre des têtes qu'il
y avoit envoyées, fut fort étonné à son arrivée de voir tous les créneaux garnis ; il
demanda au renégat français comment il
avoit pu accomplir sa volonté. Celui-ci
lui conta son action, et fut récompensé,
quoique l'empereur eût eu envie, en donnant cet ordre, de lui trancher la tête à
lui-même.

Un jour que l'empereur étoit dans son
missoire, un capitaine de navire anglois
vint lui présenter une hache superbe dont
il vantoit beaucoup la trempe. L'empereur

reur la reçut de ses mains , et voulut sur
l'instant l'essayer sur l'anglais lui-même ;
il lui en porta un coup, que celui-ci évita.
L'empereur fut surpris qu'il se fût retiré ;
cependant il ne le fit point punir , se res-
souvenant que cet homme n'étoit pas de
sa nation. Il seroit trop long de rapporter
les différens traits de barbarie de ce prince.
On tient seulement pour assuré qu'il tua
de sa propre main quarante mille de ses
soldats. Ce monstre fut égorgé au milieu
de ses soldats par un soldat français qu'il
vouloit priver des attributs essentiels à
l'homme.

Il doit paroître sans doute étonnant que
le peuple , tout barbare qu'il est , souffre
sans se plaindre toutes ces cruautés ; mais
c'est une vérité reconnue.

Le règne du prince actuel est un peu
moins cruel, quoiqu'il commette journellement des indignités; il est aimé et respecté de ses peuples ; sa politique est des
plus barbares ; lorsqu'il sait qu'une province a joui long-tems de la paix, qu'elle
est fortunée, il lui impose une taxe beaucoup plus forte qu'à l'ordinaire , ce qui
excite toujours les murmures du peuple.

K

On délibère, on s'assemble, et dans ces occasions, les têtes échauffées courent ordinairement aux armes. L'empereur, dans ces circonstances, a coutume de temporiser ; il feint de céder aux représentations du peuple qu'il ne manque pas de trouver justes ; il s'instruit du nombre des révoltés, de leurs noms, de leurs biens, rétablit la taxe ordinaire, et tout revient dans un état tranquille. Le calme est toujours plus dangereux que l'orage ; car ce prince a soin, sous quelque prétexte, d'éloigner les chefs ou de les attirer à sa cour. Lorsqu'ils sont éloignés de leur province, il la fait attaquer par les provinces voisines, auxquelles il abandonne la moitié de la dépouille. Le peuple, surpris et attaqué de tous côtés, est bientôt épuisé, demande grace, se soumet à tout. L'empereur fait cesser le pillage, et sous le prétexte que les provinces voisines ont passé ses ordres, il leur fait subir le même sort, et s'attire par ce moyen tout le fruit des travaux de ces infortunés ; de manière que les coupables et les vengeurs du prince sont tous également victimes de son avarice et de sa politique.

Différent de son père, qui ne laissoit point d'armes à son peuple, celui-ci ne leur laisse point d'argent et leur permet d'être armés : par ce moyen, il y a toujours des troupes en campagne, n'ayant besoin que de donner un ordre pour que toute une province prenne les armes. Possesseur de toutes les richesses de l'état, il ne craint pas de concurrent au trône ; il a toujours le moyen d'entretenir des troupes réglées, ce que les rebelles ne peuvent faire. Ces massacres et ces ravages continuels de province nuisent beaucoup à la population, qui seroit immense et dangereuse, sans la politique barbare du prince.

Chaque province, chaque ville a un gouverneur qui est un homme choisi par l'empereur. Ce gouverneur a des gens sous lui qui font exécuter les ordres du souverain. Tyran dans sa province, il abuse souvent des ordres de son maître pour s'enrichir promptement ; mais il est rare qu'il jouisse du fruit de ses rapines. Les gouverneurs des villes sont, comme ceux des provinces, de petits despotes qui exercent leur tyrannie sur le peuple à volonté ; s'ils savent qu'un particulier a amassé quelque chose dans un pillage, ou dans des opérations de commerce, ils lui en demandent une partie que ce malheureux est obligé de donner pour sauver le reste. S'il arrive qu'il refuse, ou nie avoir la somme demandée, on l'accuse devant l'empereur sans qu'il puisse s'en douter. Des ordres arrivent de la cour, on s'empare de tout ce qu'il possède, ses bestiaux et ses meubles sont vendus publiquement, on le traite en prisonnier d'état, on le charge de fers et on le met dans un cachot. Pour aller se justifier devant l'empereur, souvent il périt de misère avant d'y parvenir ; et s'il est reconnu innocent, on ne lui rend pas ses biens ; ils sont dans le trésor public ; c'est un endroit sacré ; ils n'en peuvent point sortir, ils sont réservés pour les besoins de l'état. Seulement on lui laisse le pouvoir de vengeance et la liberté. Rendu chez les siens, il ne manque pas de s'y former un parti qui intente des accusations contre le gouverneur, qui, sans le savoir, est condamné à son tour, et a ses biens confisqués au profit du trésor public. Ce dernier

a plus de peine de sortir du labyrinthe
dans lequel on le plonge ; car, comme il
a plus de biens, que ces biens ne viennent que des vexations exercées sur le
peuple, il peut rarement se défendre. Alors
il est condamné à mort, à moins que l'empereur n'ait encore quelque besoin de lui.
Dans ce cas, il est de nouveau revêtu de
la charge de gouverneur, et envoyé dans
une autre province. L'impunité de sa première faute l'engage à avoir moins de ménagemens pour le peuple, et il finit toujours par avoir la tête tranchée par ordre
de l'empereur. S'il prévoit le coup, et qu'il
veuille se retirer, il obtient son pardon
et sa retraite en abandonnant tout le produit de ses rapines ; car il faut qu'il soit
bien rusé pour en conserver, ayant à vivre
comme simple particulier parmi ceux qu'il
a pillés, qui ne manqueroient pas de l'ac-
cuser s'ils le voyoient plus fortuné qu'eux.

Les gouverneurs des provinces voisines
du Biledulgérid sont ordinairement des
princes du sang royal. Quand il faut que
l'empereur en envoie d'autres, il est rare
qu'il les revoie à sa cour ; car ils n'ont
pas plutôt acquis de la fortune, qu'ils se

K 3

retirent dans ce pays avec leurs femmes
et leurs richesses : quelquefois même les
enfans de l'empereur s'y réfugient. En ce
moment il y en a un qui ne reverra jamais son père : on le nomme *Mouley
Abdramen* ; il vit comme les campagnards ;
il est respecté de ces peuples, et son père,
qui l'a cruellement persécuté, n'ose point
le poursuivre dans cet endroit.

L'éducation des enfans, et leurs idées
sur les femmes, sont les mêmes par tout
l'empire : jusqu'à l'âge de sept à huit ans,
les enfans sont oisifs ; mais à peine sont-
ils circoncis qu'on les occupe aux arts,
à l'étude de l'alcoran, à la garde des troupeaux, ou aux armes : ces derniers sont
les fidèles de l'empereur. Quand ils sont
en état de servir, ils se rendent à Maroc,
et quand ils sont reçus dans la troupe, ils
y restent jusqu'à ce qu'il plaise à l'empereur de les congédier ; ils sont fantassins ou cavaliers, suivant leur adresse,
et c'est toujours parmi eux que sont choisis
les gouverneurs, soit des villes, soit des
provinces.

La pluralité des femmes est permise et
en usage chez tous les Maures ; ils en ont

autant qu'ils peuvent en nourrir : les moins
malheureuses sont , sans contredit , celles
qui habitent les campagnes, c'est-à-dire,
les plus pauvres ; car elles sont libres,
peuvent aller par-tout , et sont , à peu de
chose près , aussi heureuses que celles du
Sahara et du Biledulgérid. Il en est tout
autrement de celles qui habitent les villes.
Jamais on ne les voit sortir : toujours en-
fermées dans l'enceinte des maisons , elles
ne sont heureuses qu'autant qu'elles plai-
sent à leurs maîtres. Un mari barbare,
mécontent d'une de ses femmes, la maltraite à sa volonté ; personne ne peut lui
porter de secours ; personne n'a droit de
pénétrer dans ces endroits. Il agit en tyran
envers elle, et souvent, après l'avoir fait
long-tems souffrir , fatigué de sa personne,
il la tue pour être délivré du soin de la
nourrir. Les plus humains s'en défont par
troc, ou autrement , et quel que soit le
sort de ces infortunées , il est toujours
malheureux. Un père même, attaché à sa
fille, ne peut pas la secourir, quand il seroit instruit des mauvais traitemens qu'elle
endure ; il est vrai que le mari seroit puni
rigoureusement , s'il étoit convaincu de la

K 4

mort de sa femme , mais c'est une chose impossible ; si elle porte sur elle des traces de sa barbarie , personne n'en a connoissance , il la fait enterrer chez lui , et annonce sa mort à ses parens. Comme il n'y a que les grands qui agissent de la sorte , à cause de l'impossibilité où l'on est de les attaquer , les pères en place qui sont attachés à leurs enfans, les marient souvent à des gens de basse extraction. Ces derniers ont de grands égards pour leurs femmes. Les secours qu'ils trouvent, soit pour le commerce, soit en cas de dispute , leur font ménager celles qui leur produisent de telles ressources : souvent un père feint de refuser sa fille à celui qui la lui demande , quoique d'accord , pour se soustraire aux reproches de ses confrères; alors le Maure refusé porte plainte à l'empercur; on examine la conduite du postulant; et comme cela est projeté , on n'a jamais rien à lui reprocher ; ainsi le père paroît contraint de lui accorder sa fille. Tous les Maures sont égaux ; il n'y a que la possession des places qui les distingue ; sortis des emplois , ils rentrent dans la classe ordinaire des citoyens. Ainsi, le plus pauvre de la nation peut prétendre, sans ridicule, à la main de la fille du riche; un hasard peut précipiter ce dernier dans l'abyme, et l'autre, par le même hasard, peut, en moins de rien, être élevé au faîte de la grandeur.

Le mahométisme est la religion dominante; les peuples suivent les opinions de * * *. Sidy Mohamet Ben-Abdella, leur empereur, descendant de la famille des Schérifs, est l'interprète de la loi. Les Talbes sont toujours de son avis pour l'interprétation de l'alcoran; d'ailleurs, descendant du grand prophète, il a le bonheur d'en être inspiré, et ne peut jamais se tromper. Le respect du peuple est si grand pour lui, qu'on s'estime heureux de mourir de sa main. C'est la plus grande faveur à laquelle un Maure puisse prétendre, sûr d'aller dans le sein de Mahomet, où il jouit d'une félicité sans bornes et éternelle. Moins cruel et plus ambitieux que ses prédécesseurs, ce prince maintient cette opinion, et quand il met quelqu'un à mort, pour crime, on le laisse exposé dans le lieu où il a été tué, jusqu'au moment où il plaît à l'empereur de pardonner. Alors

les parens ou amis du mort enlèvent le cadavre, l'honorent de la sépulture, environnent l'endroit où il est enterré de murailles, et le tiennent pour saint. Si l'empereur ne pardonne point au mort, le cadavre reste privé de sépulture; son corps
sert de pâture aux animaux carnaciers :
tout le monde le regarde avec horreur, et
on ne prononce le nom du défunt qu'avec
imprécation contre lui. Les Juifs enlèvent
le cadavre du lieu où il a été mis à mort;
cette fonction seroit déshonorante pour un
Arabe.

Le vendredi est le jour de la prière :
personne ne travaille ; on se rend respec-
tueusement aux mosquées. Différens des
Arabes du Biledulgérid qui font de ce jour
celui de leurs marchés, tout travail cesse
chez les premiers ; mais les prières finies,
on se visite, on s'assemble sur les places
publiques, et tout le monde se divertit.

L'hospitalité n'en conserve que le nom ;
ils font payer la nourriture ; cependant,
lorsqu'on entre dans la tente ou la maison
d'un Maure, s'il est à manger, on peut,
sans façon, se mettre à manger avec lui.
Si on a pris le repas, il suffit de toucher

la nourriture ; en agissant autrement , ce
seroit faire insulte à son hôte , qui pense-
roit alors qu'on le méprise ? Quoiqu'on
paye sa nourriture dans tous les états de la
Barbarie, les autres devoirs de l'hospitalité n'en sont pas moins dans toute leur
vigueur. Un exemple tiré du règne présent, prouve combien ce devoir est sacré.
Un chef de voleurs , réfugié dans les montagnes, fut instruit du jour du départ des
négocians françois qui faisoient le commerce à Sainte-Croix-de-Barbarie , lorsque , par ordre de l'empereur, il fallut
quitter cette place pour se, fixer dans la
ville de Mogodor, que ce prince faisoit
bâtir. Ce brigand vouloit profiter de la
circonstance pour piller les marchandises;
il fit, pour cet effet, avancer sa troupe
dans un des défilés des montagnes par où
la caravane devoit passer : cette troupe
étoit composée de quatre cents hommes
déterminés par l'appât du gain , et tous
bien armés. Il s'en falloit de beaucoup que
l'escorte de la caravane fût aussi nombreuse ; mais le hasard les fit échapper à
ce danger. Une pluie abondante s u
venue obligea à faire halte. La nuit avan-

çoit; on n'étoit point éloigné de la demeure du chef des brigands : le conducteur de la caravane ne voulut point rester dans l'endroit où on avoit fait halte ; il proposa de changer de route, et de se rendre à l'habitation de cet homme, connu pour être un des chefs du pays, et non pour un voleur. Les négocians y consentirent, et l'on dirigea la marche vers son habitation où l'on fut bientôt arrivé ; on déchargea les chameaux pour mettre les marchandises à l'abri de la pluie. Le maître du lieu vint les recevoir, et il ne leur dissimula point le danger qu'ils avoient couru. Il leur apprit alors qu'il avoit posté quatre cents hommes en embuscade pour les surprendre ; mais qu'il falloit qu'ils aient été inspirés du prophète, pour avoir échappé à ses desseins et s'être réfugiés chez lui ; qu'ils n'avoient plus rien à craindre ; que sa religion lui ordonnoit de les protéger, et que ses quatre cents hommes, loin de les attaquer, leur serviroient d'escorte jusqu'à Mogodor, pour les garantir de pareilles surprises. Il tint parole, et ne voulut aucune récompense pour lui, ni pour ses gens.

A peine fait il jour, que le crieur public

monte sur la terrasse des mosquées, et se
met à chanter à haute voix la prière générale. Il en fait autant sur le midi et au
soleil couchant. Ce peuple observe, avec
le plus grand soin et la plus scrupuleuse
exactitude, les austérités de son carême
qui dure toute la lune de juin : il consiste
à s'abstenir de nourritures, de boissons et
de tabac, depuis le lever du soleil jusqu'à
son coucher. Celui qui est surpris contre-
venant à la loi, est puni rigoureusement ;
on lui donne des coups de bâton, plus ou
moins, et on lui attache deux pains sortant du four, sous les aisselles. La boisson,
fût-ce de l'eau, est punie de vingt à trente
coups de bâton sur la tête : le tabac, objet
dont ils peuvent mieux se passer, est puni
avec plus de rigueur : rarement le coupable
en revient ; on lui met de la poudre dans
la bouche, et on y met le feu ; les troupes
même en marche ne sont point exemptes
de l'observation du carême. Ceux qui sont
malades obtiennent des dispenses ; mais
ils sont tenus d'accomplir le tems du carême quand ils ont recouvré la santé.

Les prêtres sont, presque tout le jour et
une grande partie de la nuit, occupés à la

lecture de l'alcoran ; la croyance générale
est que l'immortalité est réservée aux zélés
observateurs de la loi. Les autres souf-
frent quelque tems pour expier leurs fautes,
et sont, suivant le cas, ou anéantis, ou
participans à l'immortalité ; point d'éter-
nité de peines ; cette pensée effrayante
leur paroît contraire à la bonté divine :
parmi les femmes, il n'y a d'immortelles
que celles qui ont été inviolablement
attachées à leurs maris ; quant aux autres,
tout périt avec le corps. Ils croient tous à
la prédestination. La liberté est ôtée à
l'homme ; c'est pourquoi, s'il commet un
crime, il n'en est pas moins bien regardé
de ses concitoyens.

Un Maure supporte l'adversité avec une
constance héroïque ; jamais on ne l'entend
se plaindre ; il se confie entièrement en
la bonté divine, et ne fait aucun effort
pour sortir de l'état dans lequel il se
trouve, persuadé qu'ils seroient tous
inutiles.

Jamais un Prince montant sur le trône
ne trouve bien ce qu'a fait son prédéces-
seur : les villes les plus florissantes sous
un règne, sont abandonnées sous un autre,

et n'offrent plus aux yeux des peuples
étonnés que des monceaux de ruines. Les
uns n'écoutent jamais leurs sujets, d'autres
veulent tout voir par eux-mêmes. Le Prince
régnant s'occupe tous les jours à rendre
justice à ses sujets ; hommes et femmes,
pauvres et riches, tous ont droit de paroître devant lui, et d'expliquer leurs
causes. Sur les huit à neuf heures, il se
rend à l'audience ; il est toujours environné
de soldats. Ceux qui veulent lui parler
font leur présent ; on ne le peut sans cela :
ce présent est proportionné à la fortune
du particulier ; les plus petits, même
deux œufs, sont acceptés. On s'explique
librement, et si la partie adverse est présente, il rend justice sur l'instant ; si elle
n'y est point, on la fait demander, et le
particulier vient de nouveau discuter sa
cause. Le Maure le plus sauvage parle
hardiment à son prince et sans timidité ;
celui qui en auroit, seroit presque sûr de
perdre sa cause.

Le commerce se fait avec beaucoup de
lenteur dans cet empire ; il y a trois jours,
chaque semaine, pendant lesquels on a très-
peu d'occupation ; le vendredi, samedi et

dimanche. Le vendredi est le jour du repos des Maures ; c'est pourquoi les ouvrages ne se font que par les juifs, qui se reposent également le samedi : les Maures travaillent, il est vrai ; mais comme très-peu le font pour les autres, l'ouvrage languit : le dimanche est celui de repos des chrétiens ; les magasins sont fermés , et c'est le plus grand jour de fête. Les habitans des campagnes évitent ces jours pour vendre leurs productions ; car, quoique les Maures , les juifs et les chrétiens fassent un commerce séparé, il ne l'est pas tellement qu'ils n'aient essentiellement besoin les uns des autres ; et comme les magasins des chrétiens sont toujours les plus forts , on se repose plus particulièrement lorsque ces derniers restent dans l'inaction. Cette diversité de religion , le besoin qu'ils ont les uns des autres , les obligent à se reposer également ces trois jours de la semaine.

Le commerce produit des sommes immenses à l'empereur ; il permet à toutes les nations d'avoir des maisons de commerce dans ses états ; il prend pour ses droits le douzième de toutes les cargaisons, et demande , de tems en tems , de fortes

sommes

sommes aux négocians qui sont obligés de
les lui donner, sous peine de punition et
d'être interdits de tout commerce.

Les juifs auxquels il permet l'exercice
libre de leur religion, lui fournissent des
sommes considérables : l'industrie de ce
peuple malheureux est le trésor vivant du
prince; il les facilite dans le commerce,
leur fournit des fonds quand ils éprouvent
des pertes conséquentes ; mais il sait les
retirer, avec usure, s'emparant de leurs
biens par mille prétextes qu'il a soin de
colorer sous les apparences de la justice.

Ce peuple est regardé comme esclave
dans toute l'étendue de sa domination ; les
plus riches même n'oseroient monter
un cheval, ni passer devant un Maure,
sans ôter leurs souliers, ni entrer chez
un chrétien sans ce signe de respect:
Ils ont des lieux séparés pour leurs demeures où ils sont plus libres ; si un Maure
ou un Chrétien tue un Juif, le coupable
est condamné à cent piastres, non pour
les parens du mort ; mais au profit du
trésor public; si un Maure tue un chrétien, ou qu'un Chrétien tue un Maure, le
coupable est puni du dernier supplice ; ce-

pendant, il y a bien des Chrétiens qui sont
autorisés de l'empereur, permission qu'il
accorde volontiers pour les maintenir dans
son pays sans courir risque d'être insultés.

Les chrétiens peuvent monter à cheval,
porter des armes, et se font servir indistinctement par des Maures ou des juifs,
malgré leurs opinions sur l'origine des chrétiens ; car ils pensent généralement que les
chrétiens sont presque tous sauvages et
abandonnés à mille erreurs ; ils croient
que, si les chrétiens connoissent Dieu, ils
n'ont reçu cette notion que de ceux qui,
ayant été esclaves chez eux, ont porté
ensuite dans leur pays des idées distinctes
de la divinité : ils pensent que l'intérieur
des terres de l'Europe est livré à l'ignorance la plus grossière, et qu'il n'y a d'instruit que ceux qui s'adonnent à la marine.

Ce qui est cause que, lorsqu'il faut de
l'argent, les ordres de l'empereur sont
toujours mal exécutés, tels que pour le
rachat des captifs ; c'est que ce prince
promet toujours, et ne débourse rien.
Les Juifs sont pour l'ordinaire chargés de
ces sortes de commissions ; ils temporisent
toujours, tantôt sous un prétexte, et tantôt
sous un autre : par ce moyen, disent-ils,

les maîtres des captifs se lassent de les
nourrir, et les donnent à meilleur compte.
L'empereur souvent donne commission à
d'autres qui, guidés par les mêmes motifs, suivent la même marche. Ce qui est
cause que les esclaves restent long-tems
dans la misère. Les Arabes indépendans
ne veulent pas des livrer à l'empereur sur
sa parole ; ils savent qu'ils n'en seroient
jamais payés : ce qui fait que ces malheureux n'obtiennent leur liberté que lorsque
les négocians chrétiens ont obtenu l'agré-
ment de l'empereur, de s'entremettre de
leur rachat : ils en donnent sur l'instant
avis aux habitans du Biledulgérid, qui les
envoient, sur la parole des chrétiens : ils
ne craignent pas de perdre la rançon con-
venue, car le chrétien ne ment pas ; sa
religion le lui défend ; et il doit toujours
tenir sa parole. Cette opinion facilite beaucoup le commerce et soulage les malheureux qui font naufrage sur ces côtes. A
peine un navire a-t-il fait naufrage, que
les chrétiens en sont instruits; et c'est ordinairement par leur canal que l'empereur
en est aussi informé.

Parmi un peuple aussi superstitieux,

il n'est point étonnant qu'il ne s'élève de
tems en tems des ambitieux subtils qui
tâchent de se faire un parti dans l'état.
Les abus qu'ils voient dans le gouvernement, le désir de l'indépendance si na-
turel à l'homme, l'inclination qu'ils connoissent à leurs compatriotes pour toutes
les nouveautés, autorisent ces factieux à
répandre leurs opinions dans les campagnes. Toujours ils se servent des motifs de religion et du bien public ; et quelqu'absurdes que soient leurs raisonnemens,
ils trouvent des partisans fanatiques, sur-
tout si le chef de l'entreprise est assez
adroit pour faire quelque tour qui puisse
surprendre et attirer l'attention de ce peuple grossier.

Le chef se dit inspiré du prophète,
permet dans sa doctrine tout pillage sur
l'ennemi, appât séducteur pour une nation pauvre et portée à la rapine. On court
aux armes, on attaque les possessions de
l'empereur, qui, dans ces occasions, met
des armées en campagne, ne pouvant se
fier au zèle des provinces qui n'auroient
rien à gagner dans ces sortes d'expéditions. Ses troupes bien disciplinées, re-

connoissant des chefs, et formées au combat, ont bientôt dispersé ces rebelles qui
n'osent reparoître dans leurs provinces ;
ils se réfugient sur les montagnes de l'Atlas, d'où il est impossible de les chasser,
et forment des bandes de voleurs qui attaquent tout ce qu'ils rencontrent. Souvent
ils descendent dans les plaines habitées,
et, parlant comme les naturels, ils prennent connoissance des caravanes, et les
attaquent presque toujours avec avantage.
Celles de l'empereur qui conduisent les
deniers royaux provenant des droits des
navires entrés, ne sont pas plus respectées ;
mais les escortes sont si nombreuses, qu'il
est rare qu'on les enlève.

Quoique tout citoyen soit soldat et obligé
au service, l'empereur entretient malgré
cela un corps de troupes réglées composé
de Maures. Son père lui avoit laissé une
armée de Nègres bien disciplinés ; il s'en
défit entièrement en l'exposant dans les
défilés des montagnes contre les Mosselemis : il craignit cette milice étrangère
qui formoit un corps de quarante mille
hommes ; il avoit été témoin de leur mu-
tinerie en plusieurs rencontres, ce qui

l'engagea à user de ce moyen pour les détruire. Ses meilleures troupes, et sur lesquelles il fonde le plus d'espoir dans les occasions critiques, sont deux cent cinquante renégats français : ils sont très-considérés dans l'empire, ont bonne paie et la garde des batteries de la ville de Mogodor. Quoiqu'il soit permis aux renégats d'avoir plusieurs femmes, ils n'en ont ordinairement qu'une : la plupart même n'en ont point. Il y a en outre huit cens renégats espagnols et portugais; ils ne forment point un corps réglé, et sont distribués dans les diverses villes de l'empire.

Lorsqu'une armée est en marche, elle ne va point en ordre; ceux qui portent les drapeaux marchent les premiers; la cavalerie est dispersée de tous côtés : la marche finie, on campe en rond; la case de la prière et celle du général se posent au milieu du camp : on distribue pour la nuit des sentinelles de côté et d'autre : elles se couchent dans l'herbe, et, de quart d'heure en quart d'heure, font des cris de guerre. Ceux qui sont en faction ne sont point relevés; ils y passent la nuit chacun à son tour; on ne pose les sen-

tinelles que sur le déclin du jour, de manière que, dans un camp de Maures, on
entend toute la nuit les cris de guerre,
tantôt d'un côté, tantôt d'un autre; et
il faut être extraordinairement fatigué pour
pouvoir dormir. Il est assez difficile de
les surprendre; ils dorment tout habillés,
leurs armes sont préparées, et ils sont dans
un instant assemblés et prêts à se battre.

Quand une armée mauresque est près
d'une ville soumise à l'empereur, les habitans cavaliers de la ville sortent tous
en armes et viennent la recevoir; ils font
ordinairement le jeu du feu, c'est-à-dire
que les cavaliers de la ville courent ventre
à terre sur ceux de l'armée, font leur
décharge, et se reploient sur eux-mêmes
avec une célérité étonnante.

La manière de traverser les rivières est
générale chez tous ces peuples; la plupart
les passent à la nage; mais ceux qui ne
savent point nager, lient plusieurs pièces
de bois ensemble, emplissent de vent des
peaux de chèvres qui soutiennent et fa-
cilitent les morceaux de bois, et traver-
sent par ce moyen les rivières les plus
rapides.

Les plaines sont superbes et bien cultivées ; elles produisent abondamment tout ce qui est nécessaire à la vie : il y a cependant beaucoup de terrein inculte, sans doute à cause du manque de bras occasionné par les ravages des divers partis.

Les montagnes sont des plus escarpées ; la chaîne de celles que l'on nomme Atlas commence à Sainte-Croix de Barbarie. Il y a cela de particulier, que les habitans Maures de ces cantons ne laissent pas un pouce de terrein inculte : sans doute que la situation des lieux les rend moins sujets que les autres à être pillés ; ils forment de petites murailles pour soutenir les terres. Souvent un endroit de culture n'a pas plus de huit pieds de profondeur d'une muraille à une autre. On seroit tenté de croire que le terrein manque dans le pays, en voyant le soin extrême avec lequel on le ménage sur l'Atlas. Cependant, quelques lieues plus loin, on voit de superbes vallées d'une terre excellente, qui sont presque abandonnées.

La moisson faite, on a soin de mettre le feu aux herbes dans tout le pays ; cet usage les préserve de la quantité de serpens

pens et scorpions dont le pays fourmille :
il sert de plus à améliorer la terre. On a
aussi grand soin de brûler les bois sur
pieds : on assemble pour cet effet les bois
morts aux pieds des arbres, et on y met
le feu ; ce moyen est très-utile pour éloigner
les lions et les tigres dont les forêts sont
remplies, et assure la salubrité du climat.

On peut dire avec vérité que ce pays
est le plus beau et le plus fertile de la
terre. Il ne lui manque que des habitans
moins sauvages, et une domination moins
barbare.

FIN.

M

TABLE

DES MATIÈRES.

PREMIÈRE PARTIE.

S ECONDE P A R T I E.

Fin de la Table.